Amina BELGUENDOUZ

Máquinas agrícolas: Da lavoura à colheita

Amina BELGUENDOUZ

Máquinas agrícolas: Da lavoura à colheita

Equipamentos agrícolas para a produção vegetal

ScienciaScripts

Imprint

Cover image: www.ingimage.com

This book is a translation from the original published under ISBN 978-3-659-87421-5.

Publisher:
Sciencia Scripts
is a trademark of
Dodo Books Indian Ocean Ltd. and OmniScriptum S.R.L publishing group

120 High Road, East Finchley, London, N2 9ED, United Kingdom
Str. Armeneasca 28/1, office 1, Chisinau MD-2012, Republic of Moldova, Europe
Managing Directors: Ieva Konstantinova, Victoria Ursu
info@omniscriptum.com

Printed at: see last page
ISBN: 978-620-8-55627-3

Máquinas agrícolas: Da lavoura à colheita

Capítulo I. O MOTOR A DIESEL DE QUATRO RODAS

Um motor é um dispositivo que transforma uma fonte de energia fornecida em trabalho mecânico. É designado por motor térmico se a fonte de energia for o combustível, ou por motor elétrico se a fonte for a eletricidade.

Num motor de combustão interna, a combustão pode ter lugar:

- Fora do motor, onde se designa por motor de combustão externa. É o caso da máquina a vapor.
- No interior do motor, chama-se motor de combustão interna. É o caso de todos os motores de combustão interna atualmente utilizados nos automóveis.

O papel do motor é fornecer ao veículo a energia necessária para se deslocar, utilizando a energia contida num combustível. Por outras palavras, o motor é um transformador de energia.

I. Constituição de um motor de combustão interna

Um motor é constituído por componentes fixos, móveis e de temporização.

I.1. Componentes fixos :

I. 1. 1 O cilindro :

É constituído por um corpo cilíndrico no qual se move o pistão. Actua como um invólucro para os gases e é encimado por uma câmara de combustão. O volume gerado pelo curso do pistão é designado por cilindrada. O cilindro do motor e a cambota estão alojados num bloco de fundição, designado por bloco de cilindros. Nos motores arrefecidos a água, o bloco de cilindros possui cavidades por onde circula a água de arrefecimento.

I.1. 2. A caixa

Trata-se de um invólucro rígido e fechado que protege as peças móveis de um motor. O cárter inferior contém o óleo lubrificante. Uma das suas qualidades mais importantes é ser estanque.

I. 1. 3. Cabeça do cilindro

A cabeça do cilindro fecha a parte superior dos cilindros, delimitando a câmara de combustão. Nos motores arrefecidos a água, a cabeça do cilindro contém cavidades de circulação de água; nos motores arrefecidos a ar, está equipada com alhetas. Em função do número de cilindros e da cilindrada, a cabeça do cilindro pode ser fabricada numa ou em várias partes. A sua estanquidade é assegurada pela junta da cabeça do cilindro, uma junta metal-plástico.

I.1. 4. Tubagem

Também conhecidos como colectores, são tubos que transportam os gases frescos para as válvulas de admissão e descarregam os gases queimados. A sua forma depende do número e da disposição dos cilindros do motor e da posição das válvulas de admissão e de escape.

I.2. Peças móveis

I. 2. 1 O pistão

No sentido mais geral, é um dispositivo que recebe e transmite a pressão dos gases de combustão, ou comprime o ar na sua superfície superior, na verdade o fundo móvel do cilindro, que do lado oposto é obstruído pela cabeça do cilindro.

O pistão é acionado por um movimento retilíneo alternado. É constituído pelo corpo do pistão, que recebe a ação do fluido, pelos anéis, que asseguram a vedação, e pela cavilha do pistão, que transmite o movimento à biela e depois à cambota. Os anéis do pistão são anéis elásticos de ferro fundido colocados em ranhuras cortadas na coroa do pistão. O anel superior é designado por anel de fogo, porque recebe a temperatura de combustão. O anel inferior é designado por anel raspador, uma vez que impede o retorno do óleo à câmara de combustão.

I. 2. 2. a biela

É uma haste reta, perfilada, cuja base se move numa linha reta e cuja cabeça se move numa circunferência. O pino do pistão transmite o movimento recíproco do pistão à biela. A cabeça da biela articula-se com o pino da cambota correspondente, que descreve uma circunferência.

I. 2. 3 A cambota

A cambota transforma o movimento retilíneo e alternativo do conjunto pistão-manivela num movimento circular contínuo, que é depois transmitido aos componentes a acionar através das transmissões. Controla igualmente: a temporização, a lubrificação, a ventilação, etc. Assenta sobre chumaceiras fixadas ao bloco de cilindros por meio de moentes.

Os elementos sobre os quais se articulam as cabeças das bielas são designados por cambotas. O intermediário entre a biela e a cambota, e entre a cambota e as chumaceiras, são os casquilhos. Trata-se de meias-conchas de aço que necessitam de uma lubrificação eficaz.

I. 2. 4 O volante

Elemento circular montado na extremidade da cambota, cuja inércia é utilizada para regular o funcionamento do motor.

I. 3 Sistemas de distribuição

É o conjunto de mecanismos que controlam a abertura e o fecho das válvulas. A temporização pode ser controlada por rodas dentadas, correntes ou correias dentadas.

I. 3. 1 Válvulas

Trata-se de dispositivos que controlam a admissão e o escape dos cilindros do motor. A sua abertura é controlada pelo mecanismo de distribuição da árvore de cames. Fecham por retorno de mola. Quando posicionadas junto ao cilindro e diretamente controladas por uma árvore de cames lateral, as válvulas são designadas por laterais; quando posicionadas acima da cabeça do cilindro e de cabeça para baixo, são designadas por superiores.

I. 3. 2. árvore de cames

Cada válvula tem de abrir uma vez em cada duas rotações da cambota. Uma vez que acciona duas válvulas por cilindro, a árvore de cames é composta por tantos pares de cames quantos os cilindros do motor. Por conseguinte, deve efetuar uma rotação por cada duas rotações da cambota.

I. 3. 3. balancins

São pequenas alavancas que controlam o movimento das válvulas suspensas. Podem ser acionados diretamente pelas cames ou, quando a árvore de cames é montada lateralmente, por uma haste cuja extremidade inferior encaixa num tucho que está assente numa das cames. À medida que a came roda, levanta o tucho, que transmite o movimento ao balancim e à válvula.

II. Motociclos

O ciclo é o conjunto de evoluções sofridas por uma mesma massa de gás desde a sua entrada no cilindro até à sua saída para a atmosfera, com variações de volume, pressão e temperatura.

Nos motores de combustão a quatro tempos, um ciclo corresponde a uma sucessão de quatro operações: admissão, compressão, combustão-expansão e escape.

II.1. Ciclos teóricos

II. 1. 1 Ciclo de Carnot

A injeção progressiva foi concebida para realizar o ciclo de Carnot, assegurando uma compressão isobárica no início do curso de potência do pistão. Para obter uma expansão isotérmica, a injeção deve ser gradual. A temperatura mantém-se constante, enquanto a pressão diminui à medida que o volume aumenta. No final da combustão, inicia-se a expansão adiabática, com uma descida da temperatura e uma descida da pressão. O ciclo teórico de Carnot tem um rendimento excelente que nunca foi alcançado. Este ciclo compreende as seguintes fases:

- AB = compressão isobárica.
- BC = compressão adiabática.
- CD = expansão isotérmica.
- DA = expansão adiabática.

Definição de banhos termais

Isotérmica: a compressão ou expansão que ocorre a uma temperatura constante é designada por compressão ou expansão isotérmica.

Adiabática: A compressão ou expansão que ocorre sem perda ou entrada de calor é designada por compressão ou expansão adiabática.

Isobárica: pressão constante.

II. 1. 2. Ciclo diesel

Nesta fase, vamos imaginar um motor teórico onde vamos ignorar vários elementos, tais como :

- Troca de calor inevitável.
- A velocidade de combustão, que não é instantânea.
- Enchimento incompleto da garrafa.

Os quatro tempos do ciclo correspondem a uma rotação da cambota igual a 720°, ou seja, duas rotações. As fases do ciclo são as seguintes:

- **Primeira fase; Admissão**: Com a válvula de admissão aberta, o curso descendente do pistão cria sucção, permitindo a entrada de ar no cilindro.
- **Segundo curso; Compressão**: A válvula de admissão fecha-se. No seu curso ascendente , o pistão comprime o ar. Esta compressão provoca o aumento da temperatura.
- **Terceira fase: injeção, combustão, expansão:** Quando o pistão atinge o ponto morto superior (TDC) no final da compressão, o combustível pulverizado é injetado na câmara de combustão. A pressão de injeção deve ser superior à pressão no interior do cilindro para permitir a introdução do combustível. Em contacto com o ar comprimido a alta temperatura, o combustível inflama-se por si próprio. Uma vez que a temperatura de ignição do gasóleo é muito inferior à do ar no cilindro, a sua ignição é espontânea quando é injetado. O volume do gás aumenta rapidamente e a sua expansão força o pistão para baixo (PMB). A cambota recebe energia durante todo este curso: é o tempo do motor.
- **Quarto curso; escape**: A válvula de escape abre-se e os gases queimados são expelidos pelo pistão em subida. Quando o pistão atinge o TDC, a válvula de escape fecha-se e a válvula de admissão abre-se para iniciar um novo ciclo.

Este ciclo é semelhante ao ciclo de Carnot. O seu diagrama pode ser decomposto da seguinte forma:

- 1er tempo: AB **entrada de** ar.
- 2ème tempo: **compressão** isotérmica BC com injeção de água para evitar o aumento da temperatura. Em seguida, compressão adiabática CD com aumento de temperatura.
- 3ème tempo: **injeção** prolongada de combustível para obter uma **combustão** isotérmica. A descida do pistão é acompanhada por uma descida da temperatura e da pressão, resultando numa **expansão** isotérmica DE e, em seguida, numa expansão adiabática EF após o fim da injeção.
- 4ème tempo: queda de pressão FB, depois **escape** BA.

Este ciclo teórico não pode ser efectuado devido à compressão excessiva necessária.

II. 2 Ciclo diesel prático ou real :

É óbvio que um motor não pode funcionar de acordo com o ciclo teórico. Este ciclo ignora elementos muito importantes que são cruciais para o funcionamento correto de um motor.

Na prática, é necessário efetuar algumas modificações para garantir o funcionamento correto do motor. Estas afectam as válvulas (abertura ou fecho com um certo atraso ou avanço) e o sistema de injeção.

Para assegurar o funcionamento correto do motor diesel, foram introduzidas as seguintes modificações no ciclo teórico:

- **Avanço da abertura da entrada (A.O.A)**: para assegurar uma melhor evacuação dos gases queimados, a válvula de entrada é aberta antecipadamente, de modo a que o ar aspirado expulse os gases queimados.
- **Fecho retardado da válvula de admissão (R.F.A.)**: a válvula de admissão é retardada para obter um melhor enchimento. Isto deve-se ao facto de o ar, tendo adquirido uma certa velocidade durante o curso descendente do pistão, continuar a entrar no cilindro durante o tempo morto do pistão no PMB.
- **Avanço da abertura do escape (E.O.A.)**: no final do ciclo de expansão, é aconselhável ter um avanço da abertura da válvula de escape para permitir uma melhor evacuação dos gases queimados.
- **Atraso de fecho do escape (E.C.D.)**: este atraso corresponde ao avanço de abertura da válvula de admissão. Os gases frescos que entram no cilindro forçam a saída dos gases queimados.
- **Avanço de injeção (I.A.)**: como decorre um certo tempo entre o início da injeção e o início da combustão, é necessário um avanço de injeção para garantir que o início da combustão coincide com a posição do pistão no TDC. Por este motivo, durante a compressão, o combustível é injetado antes de o pistão se encontrar exatamente no TDC.

III. Caraterísticas da carga

III. 1 Definições

- **Furo D**: o diâmetro interior do cilindro. Note-se que o diâmetro do pistão é ligeiramente inferior.
- **Curso C**: a distância percorrida pelo pistão entre as duas posições extremas do seu movimento recíproco (entre o PMS e o PMS).

- **Deslocamento V**: é o volume gerado pela deslocação do pistão entre as duas posições extremas do seu curso. É, portanto, o volume de um cilindro de diâmetro D (furo) e altura C (curso). O seu volume será, portanto, : $V = \pi D^2C/4$. Se o motor tiver **n** cilindros, a cilindrada total será : $Vt = n . V$
Para obter um deslocamento em litros, converter milímetros em decímetros.

- **Câmara de combustão v**: é o volume que fica livre no cilindro quando o pistão está no TDC. A sua dimensão determina a taxa de compressão.

- **Taxa de compressão ρ**: é a relação entre o volume existente no cilindro quando o pistão está no TDC, ou seja, (V+v) e o volume da câmara de combustão v. $\rho= V+v/v$. É fixo para um determinado motor.

- **Taxa de enchimento**: durante a admissão, os gases encontram resistência à medida que passam por alguns dos componentes acessórios do motor. Estas resistências criam um atraso na admissão dos gases no cilindro. No final da admissão, estes gases ainda não atingiram uma pressão igual à pressão atmosférica. A relação entre o volume de gás que volta à pressão atmosférica e o volume V+v que o contém é designada por relação de enchimento. É, portanto, inferior a 1 e varia com o vácuo e a velocidade de rotação do motor.

III.2 Caraterísticas do motor :

III. 2. 1 O casal :

Num motor, a pressão dos gases de combustão gera pressão em cada pistão, que é transmitida à cambota através da biela. O impulso do pistão cria uma força (F), e o raio da cambota constitui um braço de alavanca (l). A influência desta força em relação a este braço de alavanca é definida pelo produto (F*l), conhecido como o momento de uma força.

Um motor só pode fornecer um binário (ação) se lhe for oposto um binário de resistência (reação). O binário de um motor está, portanto, ligado ao seu binário de resistência, que é, por sua vez, uma consequência do esforço de trabalho necessário.

O binário máximo de um motor depende da sua capacidade cúbica, da taxa de enchimento dos cilindros, da qualidade da combustão e da quantidade de combustível injetado.

Para medir o binário de um motor, utilizamos um banco de ensaios denominado dinamómetro, no qual a energia do motor a ensaiar é dissipada sob a forma de calor por um sistema de travagem hidráulico ou eletromagnético.

A curva mostra a variação do binário de um motor diesel em função da velocidade. A curva baseia-se em vários pontos medidos com um dinamómetro. O ensaio consiste em aumentar progressivamente a travagem e anotar os valores de binário medidos e as velocidades de rotação correspondentes.

Se olharmos para a curva de binário da direita para a esquerda, notamos uma subida rápida que corresponde à zona de ação do regulador, depois uma subida mais lenta até ao binário máximo e, finalmente, uma descida que indica sobrecarga do motor e perda de velocidade, que pode mesmo levar à paragem.

A zona de ação do controlador indica o intervalo dentro do qual o controlador corrige automaticamente a saída da bomba de injeção. O binário máximo e a velocidade correspondente são caraterísticas importantes que aparecem na maioria das folhas de dados. O binário nominal de um motor é o binário que este fornece quando funciona à potência máxima.

A reserva de binário é uma das caraterísticas de desempenho dos motores diesel industriais e dos tractores agrícolas e indica a percentagem de reserva de binário disponível quando o motor está a funcionar à potência nominal:

% de reserva de binário = [(binário máximo - binário nominal)/binário nominal]*100

A reserva de binário permite ao motor suportar um aumento pontual da carga, sem mudar de velocidade. Uma reserva de binário baixa requer um maior número de relações de transmissão.

A gama de funcionamento de um motor corresponde à variação de velocidade que este sofre quando é chamado a utilizar toda a sua reserva de binário:

Gama de funcionamento = velocidade nominal - velocidade máxima.

III. 2. 2. Alimentação

O termo potência abrange dois tipos de dados muito diferentes: A potência administrativa ou fiscal, expressa em cavalos de potência, calculada pelas autoridades para classificar os veículos e determinar os impostos. A potência real é a potência mecânica efetivamente desenvolvida por um motor. É expressa em Watts e é o produto aritmético do binário e da velocidade angular correspondente (ω):

Potência (KW) = (Binário (Nm)* ω (rd/s))/1000.

A potência também pode ser escrita: P(Watts) = Binário(Nm)* 2πN/60 (rpm).

A curva de potência mostra, da direita para a esquerda, uma subida muito rápida até ao ponto de potência máxima, seguida de uma descida mais lenta. Este ponto de potência máxima corresponde ao limite da gama de ação do regulador, a uma velocidade muito superior à do binário máximo. Esta potência é o valor da potência do motor obtido à velocidade nominal e especificado pelo fabricante para uma utilização contínua e normal do motor. Esta velocidade corresponde geralmente à velocidade de corte do regulador da bomba de injeção.

III. 2. 3 Consumo horário

O consumo do motor diesel, expresso em litros/hora (l/h), é medido durante o ensaio dinamométrico.

A curva mostra que o consumo horário é uma função da potência do motor.

III. 2. 4. Consumo específico e eficiência

O consumo específico indica, para cada KW fornecido pelo motor, o consumo de combustível em gramas por hora. É expresso em g/KW.h e é calculado pela relação: Cs = (1000*Vh*Mv)/P ;

Cs: consumo específico (g/KW.h); Vh: consumo horário (l/h) ;

Mv: densidade do combustível; P: potência (KW).

A curva mostra que o consumo específico é mais baixo na zona de binário máximo.

O consumo específico é uma expressão da eficiência do motor, uma vez que compara a energia absorvida com a energia mecânica devolvida pelo motor.

A eficiência é normalmente expressa como um valor decimal ou como uma percentagem. No caso dos motores a gasóleo, o rendimento pode ser relacionado com o consumo específico, através da seguinte relação R% = (82/Cs)*100.

R% : rendimento ;

Cs: consumo específico (g/KW.h).

Quanto menor for o consumo específico, maior será o rendimento. Não existe um motor perfeito que transforme completamente a energia que consome e que, por conseguinte, atinja um rendimento de 100%. O funcionamento dos motores térmicos resulta inevitavelmente em perdas térmicas diretas e indirectas, bem como em perdas mecânicas.

IV. Outras funções motoras

IV.1. Fundição

É o conjunto de mecanismos que controla a abertura e o fecho das válvulas, podendo ser acionado por rodas dentadas, corrente ou correia dentada. A árvore de cames assenta em rolamentos e recebe o movimento de rotação da cambota através da transmissão. Roda sempre a ½ da velocidade da cambota.

A árvore de cames acciona os tuchos que deslizam nos orifícios do bloco de cilindros, transmitindo o seu movimento às hastes dos balancins, que controlam a elevação das válvulas.

IV.2. Injeção:

A injeção é a introdução de combustível pulverizado na câmara de combustão, no caso dos motores diesel de injeção direta, ou na câmara de pré-combustão ou na câmara de turbulência, no caso da injeção indireta. A injeção é efectuada por um dispositivo denominado injetor, que é alimentado com combustível atomizado por uma bomba de injeção.

- **Câmara de combustão de injeção direta**: nos motores diesel de injeção direta, esta câmara é encastrada na parte superior do pistão e a sua parte inferior forma uma parede quente para facilitar a ignição. Os motores com este tipo de combustão são muito eficientes e arrancam sem necessidade de dispositivos auxiliares.

- **Câmara de pré-combustão**: o jato de cada injetor de um motor diesel equipado com este dispositivo flui para uma câmara auxiliar ou pré-câmara, que comunica com o cilindro através de orifícios estreitos. Parte da parede desta pré-câmara atinge uma temperatura elevada, para reduzir o atraso da ignição. O arranque a frio do motor exige um pré-aquecimento elétrico.

➢ **Câmara de turbulência**: trata-se de uma câmara esférica ligada ao cilindro por um largo canal tangencial que se abre na periferia da câmara. Durante a compressão, esta cavidade impõe um movimento de turbilhão ao ar que nela entra. No momento da injeção, o ar é progressivamente carregado de combustível. A ignição é facilitada por um invólucro de

metal refratário aquecido a alta temperatura. O arranque a frio do motor requer um pré-aquecimento elétrico.

IV. 3 Lubrificação :

A lubrificação é o processo que consiste em estabelecer uma película lubrificante entre as peças móveis para evitar a gripagem e reduzir o atrito, reduzindo assim a perda de potência e o desgaste. O óleo é o fluido utilizado para lubrificar os motores. Deve manter-se suficientemente viscoso mesmo a altas temperaturas atingidas durante o funcionamento e suficientemente fluido a frio para permitir o arranque do motor. Os lubrificantes devem possuir numerosas propriedades, sendo as principais: anti-desgaste, extrema pressão, detergência, dispersão, anti-corrosão...

Para assegurar o circuito de lubrificação, a bomba de óleo extrai o óleo do cárter e fornece-o, sob pressão, através de uma rede de tubos de lubrificação, às peças móveis do motor. Na extremidade de descarga da bomba de óleo está instalado um filtro para reter as impurezas suspensas no óleo. A filtragem das impurezas produzidas pelo funcionamento do motor é essencial para evitar o desgaste prematuro das peças móveis.

IV. 4 Arrefecimento

IV. 4. 1 Arrefecimento da água

Este é o método mais comum de arrefecimento do motor. A água ou o líquido de arrefecimento circula à volta dos pontos quentes do motor para os arrefecer e trocar calor com o ar ambiente através de um radiador. Esta água passa por um feixe de pequenos tubos, que são atravessados pela corrente de ar produzida por uma ventoinha que aspira o ar exterior para arrefecer o radiador. É acionada pelo motor diretamente ou através de uma embraiagem, ou ainda por um motor elétrico. A bomba de água é uma bomba centrífuga que acelera a circulação da água de arrefecimento entre a saída inferior do radiador e o bloco de cilindros. Devido ao risco de congelamento e corrosão, a água é misturada com anticongelante e aditivos anti-corrosão.

IV. 4. 2 Arrefecimento do ar

O cilindro e a cabeça do cilindro estão equipados com aletas de arrefecimento. O ar de arrefecimento é ativado por uma turbina e circula à volta do motor através das aletas, canalizadas por uma bainha de chapa metálica.

IV. 4. 3 Arrefecimento do óleo

Sistema de arrefecimento para certos motores cujos cilindros são arrefecidos por um circuito de óleo derivado do circuito de lubrificação

Capítulo II: TRACTORES AGRÍCOLAS

I. Linha de tração da transmissão

Um grupo motopropulsor é um conjunto de dispositivos mecânicos que ligam um motor a um dispositivo que aplica a potência desenvolvida por esse motor.

Em geral, as transmissões mecânicas são utilizadas para acionar rodas motrizes, tomadas de força e componentes de máquinas.

I.1. A embraiagem

Trata-se de um dispositivo mecânico que permite ligar ou desligar rapidamente, de forma progressiva, duas peças rotativas independentes. Deste modo, comunica a uma delas o movimento de rotação da outra.

Consoante a aplicação, os tractores podem ser equipados com embraiagens a seco dos seguintes tipos: de placa simples, de placa dupla, de duplo efeito com comando livre ou separado, e embraiagens de placas múltiplas que funcionam normalmente em óleo.

Localizada entre o motor e a transmissão, a embraiagem principal permite que o motor arranque, que o motor engate e desengate da transmissão e que as mudanças sejam engrenadas.

- **Embraiagem de disco de simples efeito**: utilizada para desacoplar ou acoplar o veio de acionamento e um único veio acionado. Neste caso, a embraiagem é composta por um único disco colocado entre o volante do motor e um prato de aperto controlado por um sistema de molas e alavancas. A ação da embraiagem é conseguida por molas que pressionam o prato contra o disco. A embraiagem é desengatada pelo condutor.

- **Embraiagem de disco de dupla ação**: neste caso, através de um único comando (pedal), a embraiagem liga ou desliga dois veios acionados (o veio de transmissão e o veio da tomada de força do trator) sucessivamente e numa determinada ordem do veio de transmissão. A embraiagem é composta por dois discos e dois pratos de aperto.

- **Embraiagem dupla controlada separadamente**: uma embraiagem com dois discos e dois pratos que podem ser controlados separadamente, resultando numa TDF independente. Isto deve-se ao facto de o motor e a TDF poderem ser desengatados separadamente.

- **Embraiagem de placas múltiplas**: consiste numa sobreposição de placas metálicas motoras e acionadas cujas superfícies de fricção são banhadas em óleo. A embraiagem é realizada por compressão hidráulica ou mecânica e a desembraiagem por mola ou vice-versa.

I. 2. Caixas de velocidades

Trata-se de um elemento de transmissão que pode ser utilizado para obter várias relações de transmissão entre um veio de entrada e um veio de saída.

Uma caixa de velocidades convencional é constituída por um mecanismo de controlo conhecido como "seletor de velocidades", que permite ao condutor ativar um conjunto de velocidades específico para obter a relação de transmissão desejada. O seletor também controla o desacoplamento dos veios de entrada e de saída (posição neutra).

O binário nas rodas motrizes é diretamente proporcional à relação de transmissão. A velocidade, por outro lado, é inversamente proporcional à relação de transmissão.

A força de tração do trator depende da relação de transmissão. Um esforço de tração elevado requer uma relação de transmissão elevada, e vice-versa, dentro dos limites da tração.

Os tractores estão equipados com uma caixa de velocidades dianteira de quatro ou seis velocidades, completada por uma caixa de velocidades "pré-selecionadora de gamas" com uma combinação de estrada, campo e, por vezes, creeper, que permite velocidades de avanço muito baixas.

A marcha-atrás pode ser obtida através da própria caixa de velocidades, do pré-seletor de gama ou de um inversor controlado separadamente.

II. Transmissão central

II.1. Diferencial

Dispositivo que permite que duas rodas motrizes no mesmo eixo girem a velocidades diferentes com o mesmo binário, o que é essencial para um veículo fazer curvas.

Quando a aderência de uma roda é fraca e o binário em cada roda está limitado ao binário de resistência , pode ser necessário bloquear o diferencial para evitar que a roda motriz com menos aderência gire em linha reta.

Um diferencial é essencialmente constituído por duas engrenagens cónicas, designadas por engrenagens planetárias, ligadas a cada um dos semi-eixos de saída que accionam as rodas motrizes. Estas engrenagens planetárias engrenam com engrenagens cónicas chamadas satélites, acionadas pela gaiola do diferencial.

II.2. Caixa de velocidades de transmissão final

Trem de engrenagens colocado entre o veio de saída do diferencial e a roda motriz do trator, para reduzir a velocidade de rotação desta última (aumentando assim o binário).

III. Sistema hidráulico de elevação e de engate

IV. III. 1 Diferentes tipos de acoplamento

Existem três formas de fixar as máquinas agrícolas: montadas, semi-montadas ou rebocadas.

- **Equipamento montado**: neste caso, o equipamento é adaptado ao trator de modo a que o engate do trator suporte todo o seu peso. É ligado ao trator por um engate de três pontos acionado pelo elevador hidráulico.
- **Ferramenta semi-montada**: o equipamento é engatado de forma a que parte do seu peso seja suportado pelo trator e a outra parte se apoie num ou mais pontos no solo.
- **Ferramenta rebocada**: o equipamento é adaptado ao trator de modo a que a maior parte do peso seja suportada pelo solo.

III. 2. Dispositivos de acoplamento

- **A forquilha de engate**: trata-se de um elemento de fixação do olhal de reboque de um reboque rebocado. Uma cavilha na forquilha bloqueia-o. A sua altura é regulável e o seu eixo longitudinal é giratório.
- **A cavilha de engate**: trata-se de uma cavilha vertical situada na parte traseira do trator e especialmente concebida para engatar reboques, espalhadores e pulverizadores semi-montados.
- **A barra de tração**: também designada por barra de tração oscilante, fixada na parte inferior do trator. É concebida para um esforço de tração elevado. O facto de o ponto de engate estar afastado do trator permite que as transmissões funcionem em condições óptimas. É utilizado, por exemplo, em ceifeiras-debulhadoras, enfardadeiras e ceifeiras-debulhadoras de forragem.
- **Gancho automático**: pode substituir o piton para alfaias semi-montadas. Trata-se de um gancho pendular acionado a partir do lugar do condutor através do elevador hidráulico ou de um circuito hidráulico separado. Bloqueia automaticamente e desbloqueia por ação mecânica controlada.

III. 3 Elevação hidráulica :

O elevador hidráulico dos tractores agrícolas utiliza um circuito hidráulico composto por bomba, distribuidor, cilindro de simples efeito e limitador de pressão. A caraterística principal é a válvula de controlo, que não é controlada diretamente pelo operador, mas por servocomandos. O princípio deste servo-controlo é que cada posição da alavanca corresponde a uma altura da ferramenta. Com efeito, o dispositivo de engate deve permitir: o controlo da posição da alfaia durante o trabalho, o controlo da força de tração e a aderência do trator.

III. 4. Engate de três pontos :

Acionado pelo elevador hidráulico, este é o acessório para alfaias montadas ou semi-montadas.

O esforço de tração é transmitido por dois braços inferiores, cada um dos quais com uma junta esférica na sua extremidade. Estes dois pontos podem ser suficientes para algumas alfaias semi-montadas. Para as alfaias montadas, é necessário um terceiro ponto na extremidade do braço superior.

Os braços de elevação permitem variar a altura do aparelho por meio de duas escoras reguláveis.

IV. Diferentes tipos de tractores :

Os tractores são máquinas autopropulsoras capazes de fornecer um esforço de tração relativamente elevado em relação ao seu peso, mesmo em terrenos com pouca aderência. São concebidos para puxar, empurrar, transportar e conduzir máquinas agrícolas.

Estão disponíveis vários tipos de tractores:

IV.1. Tractores com tração às duas ou às quatro rodas:

No caso dos tractores com tração às quatro rodas, o diâmetro das rodas direcionais dianteiras é geralmente inferior ao das rodas traseiras, e só são efetivamente conduzidas a pedido do condutor, ou por vezes automaticamente. Não têm chassis. Para otimizar a aderência de cada roda motriz, os tractores com tração às duas rodas e às quatro rodas têm diferentes distribuições de peso estático nos eixos dianteiro e traseiro.

IV.2. Tractores com tração às quatro rodas :

Podem ser de direção dianteira, de articulação central ou de direção às quatro rodas:

- **Tractores articulados**: estão equipados com um chassis de duas partes que pode ser deslocado em torno de um ponto central. A direção é assegurada pela variação do ângulo formado pelos dois elementos do quadro.
- **Tractores com tração às quatro rodas**: permitem raios de viragem apertados e, por vezes, combinações de deslocações como o "crabbing". Têm geralmente um chassis semelhante ao dos veículos rodoviários.

IV.3 Tractores agrícolas especializados :

Trata-se de modelos de tractores adaptados a certos tipos de trabalho agrícola, como os tractores estreitos, os tractores para vinhas, os tractores para arboricultura, etc.

Um deles é o trator de alta distância, com um chassis que permite uma distância de 1 metro acima do solo para trabalhos em vinhas ou arbustos baixos.

IV. 4 Tractores florestais :

Com tração às quatro rodas, estão equipados com um escudo, vários dispositivos de proteção do condutor e do mecanismo, e dispositivos de elevação ou de derrapagem para trabalhos florestais.

IV. 5 Microtractores :

Máquinas de duas ou quatro rodas motrizes de tamanho e potência reduzidos. São concebidas para trabalhos em pequenas superfícies: horticultura, manutenção de jardins e espaços verdes, etc.

IV.6 Tractores de lagartas :

Trata-se de tractores cujo sistema de propulsão é constituído por duas lagartas metálicas ou de borracha que envolvem uma roda dentada motora e uma roda tensora, sendo o peso do trator distribuído por vários rolos de apoio que pressionam a lagartas contra o solo.

Este tipo de trator exerce pouca pressão sobre o solo, o que lhe permite trabalhar em superfícies com baixa capacidade de carga.

Capítulo III: TRABALHOS NO TERRENO

O cultivo do solo abrange todos os métodos de cultivo que mantêm o solo num estado estrutural que favorece o desenvolvimento das plantas. Isto facilita a germinação, o crescimento e o estabelecimento das raízes. Permite também o enterramento dos resíduos de culturas (restolho), o melhoramento do solo (adubos minerais e orgânicos) e a destruição da vegetação nociva.

Os principais objectivos da lavoura incluem :

1. melhorar a estrutura do solo: consiste em reduzir a tenacidade e a compactação do solo, criando assim condições mais favoráveis ao desenvolvimento das raízes e facilitando outros métodos de cultivo;
2. aumento da permeabilidade e da porosidade: facilita a infiltração da água, o que tem vários efeitos: limita a estagnação da água e o escoamento superficial, fonte de erosão; melhora o equilíbrio entre a água e o ar no solo graças ao escoamento mais rápido do excesso de água; e, por fim, favorece a reconstituição das reservas de água subterrânea;
3. preparação da cama de sementes: a desagregação dos torrões cria um ambiente que coloca as sementes nas melhores condições de germinação, facilitando o seu contacto com as partículas do solo e a sua humidificação.

A lavoura pode também ter muitos outros efeitos, tais como :

1. limitar as infestações de ervas daninhas,
2. limitar a perda de água por evaporação,
3. o nivelamento da superfície do campo,
4. enterrar fertilizantes, corretivos do solo ou outras substâncias, como herbicidas pré-emergentes.

Definição dos diferentes estados do solo e do seu comportamento

A consistência do solo varia consideravelmente com o teor de água. Ao diminuir progressivamente o teor de água de uma amostra de solo, podemos ver que o solo passa por vários estados sucessivos:

- **Estado líquido com elevado teor de água.**

O solo comporta-se como um líquido. Tem uma resistência ao cisalhamento nula e espalha-se quando é derramado. Os grãos do solo são praticamente separados pela água.

- **Estado plástico:** O solo é naturalmente estável, mas logo que lhe é aplicada uma carga, sofre uma deformação significativa, em grande parte irreversível, sem que se note qualquer alteração de volume ou o aparecimento de fissuras.

- **Estado sólido** :

O solo comporta-se como um sólido e a aplicação de força provoca apenas uma ligeira deformação. A transição para o estado sólido ocorre inicialmente com uma redução de volume ou retração, depois a volume constante, ou seja, sem retração.

Estimativa da consistência do solo

A consistência do solo deve ser avaliada na parcela imediatamente antes do trabalho: Pegue em alguns torrões de terra da área de trabalho e tente esmigalhá-los entre os dedos.

Limites e índices de Atterberg

Limite de liquidez

O limite de líquido (wl) caracteriza a transição entre um estado plástico e um estado líquido. É o teor de água em peso, expresso em percentagem, acima do qual o solo flui como um líquido viscoso sob a influência do seu próprio peso. Fórmula do teor de água em peso: Massa de água (g)/Massa de solo seco (g).

Limite de plasticidade

O limite de plasticidade (wp) caracteriza a transição entre um estado sólido e um estado plástico. Este limite indica o teor máximo de água em peso, em percentagem, para trabalhar um solo e evitar a compactação. Abaixo deste limite, o solo é friável ou facilmente trabalhável do ponto de vista agronómico. O limite de plasticidade é determinado pela modelação de um pequeno fio com a parte fina de um solo numa superfície plana e não porosa. É definido como o teor de água em que o fio se parte com um diâmetro de 3 mm. Um solo é considerado não plástico se um fio não conseguir rolar até 3 mm, qualquer que seja o teor de humidade da parte fina do solo.

Índice de liquidez

$$I_l = \frac{W - W_p}{I_p}$$

Índice de densidade

$$I_d = \frac{e_{max} - e}{e_{max} - e_{min}}$$

Índice de plasticidade

Mede o intervalo de teor de água em que o solo se encontra num estado plástico,

Ip = wl - wp

Em função do valor do seu índice de plasticidade. Os solos podem ser classificados da seguinte forma:

Índice de plasticidade	Grau de plasticidade
$0 < I_p < 5$	Não plástico (o ensaio perde o seu significado) nesta zona de valor)
$5 < I_p < 15$	Moderadamente plástico
$15 < I_p < 40$	Plástico
$I_p > 40$	Muito plástico

Índice de consistência

$$I_c = \frac{w_l - w}{I_p}$$

Este é um indicador derivado:

em quew=w amostra normal

Escolher as condições corretas para os diferentes tipos de trabalho do solo

A distribuição dos tipos de solo baseia-se no seu comportamento em relação às ferramentas de lavoura. O comportamento do solo depende tanto da granulometria (teor de argila) como do clima circundante. Por exemplo :

- Um solo pobre em argila não se desenvolve num clima seco, mas sim num clima húmido.
- Do mesmo modo, o solo rico em argila não adere às ferramentas em climas secos.

Por este motivo, é conveniente conservar as caraterísticas dominantes da parcela e estimar o quadro seguinte:

30% CLAY 15% SAND ↓	In autumn, the soil sticks to the soil without crumbling. arrives :	At the end of winter, the ground is pounding?	Soil behavior :
	Never →	→ Very often →	Loamy or sandy soil
	From time to time ↗ → ↘	From time to time →	Intermediate behavior
	Very often ↘	never →	Clay behavior

Lavoura convencional

A lavoura convencional envolve três operações distintas:

- Lavoura ;
- Recomeço da lavoura ou pseudo-arado;

- Métodos superficiais.

Lavoura :

O objetivo da lavoura é soltar e higienizar a camada superficial do solo, acelerando a sua reidratação e facilitando a sua exploração pelas raízes das culturas. Permite igualmente enterrar e misturar os resíduos das culturas com o solo, de modo a não interferir com a preparação da cama de sementeira, destruir a vegetação nociva e certos parasitas, enterrando-os, e facilitar a preparação da cama de sementeira. Os índices qualitativos e energéticos da cama de sementes são função de :

- A natureza física e química do solo a trabalhar.
- A profundidade da camada superficial do solo.
- Época do ano (clima).

Teoria da lavoura

Teoricamente, a lavoura consiste em cortar uma faixa de terra com uma secção transversal retangular ABCD, e virá-la numa posição A'B'C'D' colocada a cerca de 45°. Na prática, esta posição pode variar em função da relação entre a largura e a profundidade da lavoura.

A distância AB representa a **profundidade** da lavoura. A distância BC representa a **largura da** lavoura.

O plano determinado pela linha AB é designado por **parede** ou, por vezes, **por frayon**. O plano determinado pela linha BC representa a **parte inferior do raio** ou **gabarito.**

A área retangular ABCD representa a **secção** de lavoura.

Tipos de lavoura :

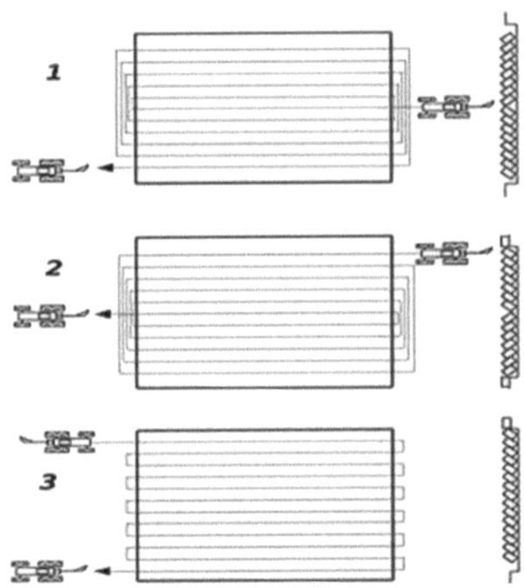

Métodos de lavoura
1. Lavoura de prancha com inclinação.
2. Lavrar as tábuas durante o corte.
3. Lavoura plana.

Em função do seu traçado e do tipo de charrua utilizada, a lavoura pode ser efectuada de duas maneiras:

- **lavoura plana**, em que as faixas de terra são lançadas sempre para o mesmo lado. Isto requer a utilização de uma charrua reversível, de modo a que a direção de descarga possa ser invertida numa viagem de regresso;
- **Lavoura em pranchas ou em camalhões**. Este é o único método de lavoura que pode ser efectuado com um simples arado que dá a volta à parcela:
  - **por corte**, com as tiras rejeitadas para o exterior da placa (deixando um "arranhão" no centro da placa),
  - **inclinando-se**, com as bandas lançadas para trás em direção ao eixo da prancha (deixando um "adolescente" no centro da prancha).

A distinção pode ser feita de acordo com a profundidade do trabalho:

- **lavoura ligeira** (10 a 15 cm), nomeadamente na lavoura de primavera,
- **lavoura média**, de 15 a 30 cm, a mais difundida, nomeadamente para a cultura de cereais,
- **Lavoura profunda**, de 30 a 40 cm, para as culturas de raízes profundas (beterraba, luzerna, etc.),
- **Para** além dos 40 cm, **a lavoura** é efectuada **para desagregar o solo**, nomeadamente para permitir o cultivo de novas terras ou para preparar a plantação

de pomares.

Pode ser feita uma distinção de acordo com a inclinação das correias:

- **lavrar**,
- **lavoura deitada fora**,
- **lavoura plana**.

Equipamento de lavoura :

O equipamento utilizado para a lavoura é o arado. Os arados podem ser classificados de acordo com vários critérios:

1. De acordo com o destino :

- charrua para lavrar os campos.
- Charrua para a lavoura de pomares.
- Arado de vinha.
- Arado Defender.

2. Com base na forma das peças de trabalho :

- Charrua com lâminas e aivecas.

3. Arado de discos
4. De acordo com o método de lavoura :

- Arado normal (vira o sulco apenas de um lado).
- Charrua reversível ou charrua pendular (vira o sulco sucessivamente de ambos os lados).

5. De acordo com a profundidade da lavoura :

- Charrua para lavouras pouco profundas (08 a 15cm).
- Charrua para uma lavoura normal (15 a 25 cm).
- Charrua para lavouras profundas (25 a 35 cm).
- Arado Defender (mais de 35 cm).

6. De acordo com o tipo de acoplamento :

- Arado de arrasto.
- Arado semi-montado.
- Arado montado.

I. Charrua com talão e aiveca :

I.1. Constituição :

A charrua de aiveca é constituída pelos seguintes componentes:

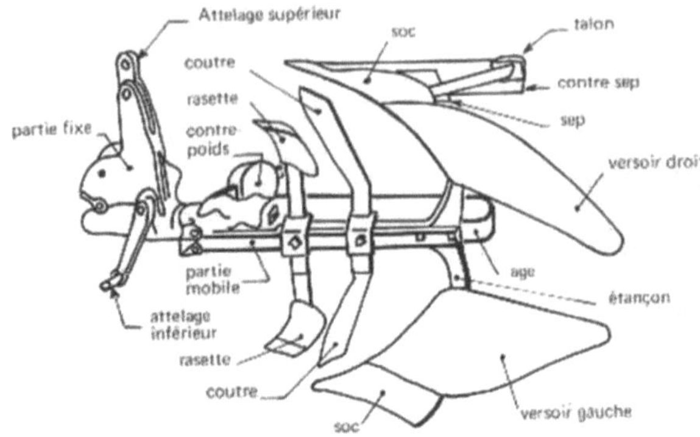

I. 1. 1 Elementos de funcionamento :

O conjunto de charrua e aiveca desempenha o papel principal, cortando o sulco à medida que este se desloca pelo solo. O sulco é comprimido, deslocado e invertido sobre a faixa de terra previamente arada. O corte vertical é efectuado pela relha.

I.1. 1. 1. coutre :

Trata-se de uma peça em forma de faca ou de disco, com o gume disposto de forma a cortar verticalmente a faixa de terra a trabalhar. Por conseguinte, é geralmente colocado à frente dos outros elementos de trabalho. Existem dois tipos de cortadores: **O cortador reto** e **o cortador circular**.

I. 1. 1. 2. O soc :

Trata-se de uma lâmina de aço, geralmente de forma trapezoidal. A sua função é cortar horizontalmente a faixa de terra cortada verticalmente pela relha e começar a levantá-la para que possa ser virada pela aiveca. A largura da charrua é ligeiramente inferior à largura da faixa de terra, de modo a deixar um ponto de articulação para a viragem.

A sua posição é determinada por quatro ângulos:

- **Ângulo de entrada**: obriga o arado a procurar constantemente entrar no solo. O seu valor varia entre 5° e 15°, mas pode atingir 25° para uma lavoura rápida.
- **Ângulo de ataque**: confere à aresta de corte da charrua um ângulo oblíquo, facilitando o corte do solo. É de 45°, mas pode ser reduzido para 35° em

certas carroçarias para uma lavoura rápida.

- **Ângulo de lavoura**: desloca o apoio da charrua para dois pontos, aumentando a estabilidade e reduzindo o desgaste. O seu valor é ligeiramente inferior a 180°.
- **Ângulo de rebitagem**: a sua função e valor são idênticos aos do ângulo de rebitagem, mas num plano vertical.

I. 1. 1. 3 A aiveca :

O papel da aiveca consiste em revirar a faixa de terra previamente cortada pela relha e pela charrua. As aivecas são feitas de aço triplex e a sua forma determina o modo como são viradas. Esta forma pode ser cilíndrica, helicoidal ou mista.

- **Aiveca helicoidal**: esta forma permite que a aiveca acompanhe a faixa de terra até ao fim do seu reviramento, o que permite uma lavra bem distribuída mesmo em solos pesados. O solo fica bem solto em comparação com a aiveca cilíndrica. É utilizada principalmente para lavouras pouco profundas.
- **Aiveca cilíndrica**: inicia a viragem da faixa de terra, que é depois completada pela ação combinada da gravidade e da velocidade. Não pode ser utilizada para solos pesados, nem para tracções muito lentas. Em contrapartida, o esforço de tração necessário é ligeiramente inferior e o afrouxamento obtido é muito melhor. É também adequado para a lavoura profunda.
- **A aiveca mista ou universal**: cilíndrica na parte inferior e helicoidal na parte posterior, com um comprimento maior ou menor. Combina as vantagens das duas formas e é a mais utilizada.

I. 1. 1. 4. barbear :

É como um corpo de arado em miniatura. É geralmente colocado à frente das outras partes e ligado à idade. A sua função é descascar a superfície do solo e enviá-la para o fundo do sulco, de modo a que toda a erva, estrume e detritos vegetais fiquem perfeitamente enterrados, deixando uma superfície de lavoura perfeitamente limpa.

I.1. 2. Peças de suporte :

I. 1. 2. 1 Idade :

É o suporte principal da charrua. Suporta os corpos da charrua por meio de escoras. A sua forma geral é rectilínea, com uma secção transversal redonda ou retangular.

I.1. 2. 2. Escoras :

A sua função é suportar os corpos dos arados. São aparafusadas ao quadro. A ligação entre a escora e a armação está equipada com um dispositivo de segurança baseado numa mola ou num rebite de cisalhamento, que permite que a lâmina do arado e o conjunto da lâmina do arado ultrapassem obstáculos.

I. 1. 2. 3. sep :

A função da patilha é ligar as extremidades inferiores das escoras. Termina na parte da frente com a palete, que contém os orifícios para a fixação do arado e a parte inferior da aiveca.

I.1. 2. 4 A roda de apoio :

É fixada à idade da charrua montada e a sua função é manter uma profundidade de trabalho constante, rolando sobre o restolho. As charruas de rasto têm três rodas: a roda do restolho, a roda do sulco e a roda traseira.

I. 1. 3. Peças de proteção :

I.1. 3. 1. contra-sep :

Trata-se de uma lâmina de aço colocada na parte lateral das escoras e dos septos para os proteger do desgaste provocado pela fricção contra a parede.

I. 1. 3. 2. calcanhar :

Peça de desgaste colocada na parte de trás do septo ou contrasselo para evitar um desgaste prematuro.

I. 2. Definições :

I. 2. 1 Regulação da profundidade da lavoura :

Obtém-se sempre variando a distância da parte da frente da idade ao solo, o que tem por efeito variar o ângulo de entrada. A profundidade aumenta se a idade for reduzida, e vice-versa. Numa charrua de arrasto, uma alavanca ou um cilindro varia a posição da roda de medição e, consequentemente, a altura da idade.

- Numa charrua montada, isto é conseguido através da regulação da altura dos braços de elevação, que são controlados pelo sistema hidráulico do trator.

I. 2. 2 Regulação da largura de trabalho :

O único ajustamento habitualmente efectuado pelos utilizadores diz respeito à largura do primeiro sulco, que é igual à distância entre o interior do pneu do trator e a ponta da parte.

I. 2. 3 Regulação da inclinação :

Este ajustamento deve complementar o ajustamento da largura e não substituí-lo. A inclinação do ponto pode ser considerada como uma mudança na orientação das idades em relação à direção. Faz com que a charrua trabalhe mais para a direita ou para a esquerda, consoante o caso. O desvio obtido pela inclinação do ponto nunca deve exceder 8 a 10 cm.

I. 2. 4 Regulação da inclinação ou do prumo :

Uma charrua está a prumo quando as pernas estão perpendiculares ao solo. Esta posição varia com a profundidade da lavoura e deve ser ajustável. Esta regulação é sempre obtida rodando a idade em torno do seu eixo longitudinal. No caso das charruas polisoc, esta rotação faz-se em torno de um eixo médio. Os desvios de prumo levam a variações de profundidade entre os corpos da charrua direita e esquerda, resultando numa lavoura irregular, muitas vezes referida como "lavoura dupla".

I. 2. 5 Regulação do flangeamento :

Esta regulação é geralmente utilizada nas charruas de arrasto e é conseguida deslocando o ponto de engate para o lado. Está correto quando a roda de sulco da charrua passa regularmente pelo ângulo formado pela parede e o fundo do sulco. Se a roda não estiver corretamente ajustada, será puxada para o meio do sulco ou será empurrada para cima do vau.

I. 2. 6. regulação da inclinação :

O correto adornamento de uma charrua pode ser visto pelo traço deixado pelo talão no fundo do sulco, que deve ser marcado sem exagero. Uma charrua com um talão demasiado inclinado carece de estabilidade no eixo dianteiro, que tende a oscilar da direita para a esquerda e vice-versa, e uma inclinação incorrecta conduz sempre a uma diferença de profundidade entre os corpos da charrua, resultando numa lavoura irregular.

I. 2. 7. ajustamento da costura :

Esta regulação é correta quando a parede de lavoura é perfeitamente neutra e vertical. Quando a relha está demasiado para dentro, a parede é irregular e recortada. Quando a relha está demasiado para fora, a parede é em forma de escada.

2. 8. regulação da escumadeira :

Escumadeiras insuficientemente ajustadas dificultam o enterramento de ervas daninhas e restolho. Uma regulação demasiado profunda dá origem a sulcos mal curvados. Em solos muito duros, a escumadeira é eliminada.

I. Arado de discos :

As charruas de discos podem ser de arrasto, montadas ou semi-montadas. No entanto, devido ao grande peso dos discos, as charruas de arrasto são a solução mais adequada. As charruas de discos são utilizadas para preparar a terra para o cultivo, em terrenos rochosos (pedregosos) ou com raízes. Também são utilizadas em terrenos cobertos de vegetação e em terrenos pesados e compactos.

Em termos de princípio de funcionamento, todos os elementos de trabalho de uma charrua de lâmina partilhada são aqui substituídos por um único disco, cuja montagem duplamente oblíqua lhe permite cortar a faixa de terra numa secção transversal elíptica e depois virá-la.

I.1. Constituição :

I. 1. 1 Elementos de funcionamento :

I.1. 1. 1 O disco :

Tem a forma geral de uma tampa esférica. Deve ser suficientemente duro para resistir ao desgaste e suficientemente flexível para não se partir. O seu diâmetro varia geralmente de 610 a 815 mm e a sua espessura de 6 a 75 mm. O cubo do disco é fixado à escora de modo a permitir a regulação do ângulo de ataque ou de entrada. A posição do disco é determinada por dois ângulos:

- **Ângulo de ataque**: também designado por ângulo de corte. Situa-se entre a direção de deslocação e o plano do disco. O seu valor varia de 30° a 55°.
- **Ângulo de entrada**: entre o plano do disco e a vertical, variando de 15° a 25°. Esta variação favorece a penetração em solos duros.

I. 1. 1. 2. O raspador :

Também conhecida como aiveca ou raspadeira. É uma parte curva que impede que a terra se agarre ao disco e, assim, dê uma volta completa com ele, o que melhora a viragem e evita bloqueios.

I.1. 1. 3. barbear :

É comparável à utilizada na charrua de mão e tem a mesma função.

I. 1. 2. Peças de suporte :

I.1. 2. 1 Idade :

Comparável às charruas de partilha. Pode ser comum, colocado obliquamente ou múltiplo.

I. 1. 2. 2. a escora :

Une o disco ao quadro. A sua posição na lâmina pode ser fixa ou ajustável em distância e, por vezes, em orientação (ação sobre o ângulo de ataque e o ângulo de entrada).

I.1. 2. 3. roda estabilizadora :

Está colocado na retaguarda da charrua. O seu papel é o de escorar a charrua, que tende sempre a afastar-se da lavoura sob o efeito das forças resultantes da obliquidade dos discos.

Rola no último sulco e está posicionado obliquamente na direção oposta à dos discos para resistir melhor ao deslizamento lateral.

II.2. Definições :

II. 2. 1 Regulação da profundidade :

Esta variação pode ser obtida :

- Ajustando **o ângulo de entrada**: diminuir o ângulo aumenta a profundidade. Por outro lado, não se pode aumentar demasiado o ângulo, ou corre-se o risco de encravar.
- **Movimento lateral do quadro**: este movimento deve ser horizontal, exigindo uma ação simultânea na frente e na retaguarda da charrua.

Nas charruas de arrasto, a regulação da profundidade é conseguida movendo as rodas para cima e para baixo, e nas charruas montadas ou semi-montadas levantando o trator.

II. 2. 2 Regulação da largura :

Esta regulação pode ser conseguida variando o ângulo de ataque ou, por vezes, deslocando as escoras da idade.

II. 2. 3 Definições secundárias :

Estes ajustamentos incluem: flangeamento, inclinação e prumo. São estritamente comparáveis às das charruas de lâmina, com exceção do flangeamento, para o qual a deslocação lateral do ponto de engate é acompanhada por uma orientação correspondente da roda de sulco.

EQUIPAMENTO DE LAVOURA

I. Cultivadores de restolho :

São concebidos para lavrar a pouca profundidade, favorecendo o aparecimento de ervas daninhas e ajudando a destruí-las mais tarde. Podem ser arados ou discos.

Grade de discos :

I.1. Constituição :

Os discos de um cultivador de restolho são semelhantes aos de uma charrua de discos. O seu diâmetro varia de 560 a 610 mm, com uma espessura de 4 a 6 mm. A sua caraterística essencial é o facto de terem um ângulo de entrada nulo, o que permite a sua montagem no mesmo eixo.

Para os modelos montados, a estrutura limita-se a um quadro que suporta o eixo do disco e acolhe o engate de três pontos. Estão igualmente equipados com uma roda estabilizadora para equilibrar o impulso axial dos discos. Para os modelos rebocados, a estrutura é comparável à de um arado de discos. Está geralmente equipado com três rodas pesadas e afiadas, duas das quais são angulares para resistir ao impulso radial dos discos.

I.2. Definições :

- A regulação da profundidade é obtida nos modelos montados por meio de uma roda que limita a entrada ou diretamente pela posição do braço de engate. E nos modelos rebocados, aproximando os discos do solo ou modificando o ângulo de ataque através da alteração da orientação das rodas. Quando a penetração é insuficiente, podem ser adicionados pesos.
- O flange é normalmente ajustado através da deformação do triângulo de acoplamento.

II. Cultivadores de discos :

Os cultivadores de discos asseguram uma boa desagregação do solo e a destruição das ervas daninhas. Podem ser utilizados para lavrar o restolho ou enterrar o adubo verde, mas a penetração é frequentemente difícil em condições de seca.

II.1. Constituição :

Os elementos de funcionamento são discos semelhantes aos de um cultivador de restolho, mas com um diâmetro mais pequeno (450 a 610 mm). O ângulo de entrada é zero e o ângulo de ataque varia consoante o tipo de regulação utilizado. Estas máquinas utilizam 2 a 4 elementos, cada um constituído por um conjunto de 4 a 15 discos montados no mesmo eixo. Os discos são montados nestes elementos através da inversão da concavidade, de modo a equilibrar os impulsos laterais, poupando assim a necessidade de instalar uma roda de trabalho.

Os cultivadores de discos estão quase sempre equipados com estruturas de ferro angular concebidas para suportar as sobrecargas que actuam em profundidade.

II.2. Diferentes tipos : Consoante a disposição dos elementos, distinguem-se :

III. 2. 1 Cultivador simples

O pulverizador simples consiste em dois conjuntos de discos dispostos num V aberto na parte da frente, com a linha de tração centrada na ponta do V. O diâmetro dos discos varia de 450 a 560 mm e o seu número de 8 a 20. A desvantagem desta disposição é o facto de deixar a largura estreita da ponta do V por trabalhar, o que muitas vezes exige a instalação de um dente de cultivador neste ponto.

II. 2. 2 Cultivador duplo ou em tandem

São constituídos por uma combinação de dois pulverizadores invertidos simples. O solo é assim trabalhado duas vezes: o primeiro conjunto de discos inverte-o de um lado e o segundo volta a colocá-lo no sítio. O número de discos varia de 16 a 40.

II. 2. 3 OFFSET ou cultivador de culturas de cobertura

Estas máquinas têm dois conjuntos de discos colocados um atrás do outro, o que permite trabalhar o solo duas vezes. Para equilibrar os impulsos laterais de cada conjunto de discos, é necessário utilizar um ângulo de ataque mais elevado para o elemento traseiro, que trabalha o solo já solto, dando menos impulsos. Os diâmetros dos discos variam de 510 a 810 mm e o número de discos de 8 a 44. O peso elevado destas máquinas permite-lhes substituir um cultivador de restolho.

Além disso, não deixam nenhuma parte central por trabalhar como no modelo simples ou em tandem.

II. 3 Definições :

- A profundidade máxima está essencialmente ligada ao diâmetro dos discos utilizados. Para um dado diâmetro de disco, a profundidade varia com o peso do equipamento, que pode ser sobrecarregado por cargas colocadas nas estruturas previstas para o efeito. Nas máquinas equipadas com rodas portadoras de carga, é igualmente possível limitar a profundidade regulando a sua altura.
- O flangeamento é conseguido deslocando o ponto de acoplamento para o lado.

III. Cultivadores de linha :

Estas máquinas proporcionam uma expansão e um arejamento profundos do solo, bem como uma destruição eficaz das ervas daninhas e o esmagamento de torrões. Também podem ser utilizadas para a incorporação superficial de fertilizantes e relva. Os cultivadores de dentes têm a propriedade de não compactar o solo em profundidade.

III. 1 Arados :

Podem ser montadas diferentes formas de acções nas mesmas escoras, consoante o trabalho a realizar.

III. 1. 1 Escarificar as relhas de arado: A escarificação consiste em soltar o solo em profundidade, sem tentar trabalhar a superfície ou destruir as ervas daninhas. Estas relhas de arado são geralmente longas e estreitas, muitas vezes com duas extremidades simétricas, o que permite duplicar a duração da utilização através da reversibilidade.

III. 1. 2. Arados de extirpação: A extirpação tem essencialmente por objetivo destruir as ervas daninhas e soltar a superfície. A lâmina do arado é, portanto, larga e pouco profunda, trabalhando quase horizontalmente à profundidade certa para cortar as ervas daninhas.

III. 2. Diferentes tipos de aparelhos :

III. 2. 1 Escora rígida com mola: A escora é mantida em posição por uma ou duas molas em espiral. Esta solução permite que a escora trabalhe com toda a segurança, cedendo em caso de obstáculo imprevisto. Em alternativa, podem ser utilizadas molas de lâminas potentes para fixar dentes fortes e rígidos para trabalhos muito profundos.

III. 2. 2 Escoras planas flexíveis em aço: Estas escoras são flexíveis em todo o seu comprimento, graças à sua espessura reduzida e à natureza do aço. As ferramentas equipadas com este tipo de escora são frequentemente designadas por "Canadian Cultivators" ou "Vibrocultivators". Produzem uma cultura moderadamente profunda, com um desprendimento profundo e bloqueios pouco frequentes, graças à grande flexibilidade das hastes, que vibram fortemente no solo.

III. 2. 3. escora quadrada de aço em forma de laço: Esta forma combina a grande flexibilidade proporcionada pelo duplo enrolamento dos dentes. Os cultivadores equipados com esta forma são ideais para os terrenos secos e duros e para o cultivo em profundidade.

III. 2. 4 Escora em contra-ângulo: Trata-se de uma escora muito flexível que pode ser utilizada para trabalhos ligeiros. A sua forma caracteriza-se pela contracurva formada ao nível do solo, que obriga as ervas daninhas a subir para a superfície, onde secam, evitando bloqueios e o afloramento excessivo de terra húmida.

III. 3. Construção :

A estrutura é sempre concebida de modo a permitir que os dentes sejam dispostos de forma a minimizar o encravamento, espaçando os dentes adjacentes em várias travessas. As máquinas com uma única travessa são equipadas alternadamente com dentes longos e curtos para obter o desvio desejado. O espaçamento dos dentes é de cerca de 18 a 20 cm, mas pode ser tão pequeno como 10 cm nalguns vibrocultivadores de acabamento.

III. 4. Definições :

- As máquinas montadas são ajustadas em profundidade pela posição dos braços de elevação ou por rodas limitadoras de profundidade que podem ser levantadas ou baixadas.

- Algumas máquinas estão equipadas com uma grade de gaiola rolante. A profundidade dos elementos do cultivador é controlada por uma corrente ligada à grade e fixada a um suporte de posição variável. Esta disposição requer a utilização de uma ligação flutuante e permite um excelente controlo da profundidade, assegurando ao mesmo tempo uma boa compactação da cama de sementes graças ao peso transferido para as grades de rolos.

IV. Cinzéis:

O cinzel pode ser considerado um cultivador de dentes gigantes. A sua utilização superficial torna impossível diferenciar a sua ação da de um cultivador de dentes. Mas a sua utilização específica implica uma profundidade de trabalho mínima de 20 a 30 cm, bem como uma velocidade de trabalho de pelo menos 8 Km/h. Esta dupla condição leva a uma fragmentação geral do solo.

IV.1. Constituição :

IV.1.1. O EDIFÍCIO :

Consoante o modelo, é composto por duas ou três travessas resistentes, às quais são fixadas as escoras, os pinos de engate inferiores e o suporte da barra de empurrar. Em caso de resposta insuficiente do elevador hidráulico, a unidade pode ser equipada com uma roda de controlo de profundidade.

IV.1.2. Escoras :

São distribuídos criteriosamente nas travessas para evitar encravamentos. Os seus traços no solo estão separados por 30 a 40 cm. A sua altura é tal que o espaço livre sob o quadro varia de 65 a 100 cm. A sua forma geral mais comum é próxima de um semicírculo.

IV. 1. 3 Plowshares :

Podem ser adaptadas várias formas, consoante a aplicação.

- **Lâminas de arado rectas reversíveis:** para trabalhos profundos em terrenos secos.
- **As camalhotas torcidas:** são utilizadas superficialmente para tirar partido da renovação local do solo, resultando num ligeiro sulcamento da superfície e numa boa incorporação dos resíduos das culturas.
- **Arados de pés de galinha:** reservados para trabalhos de eliminação de

ervas daninhas em terrenos previamente soltos.

1.1. V. Cultivadores rotativos :

Estas máquinas são também conhecidas por "fresadoras". O elemento de trabalho é constituído por um eixo horizontal com uma velocidade de rotação variável de 130 a 230 rpm, a partir do eixo da tomada de força do trator, no qual são montadas várias flanges, cada uma geralmente com 6 facas (ou lâminas) de formas variadas, separadas umas das outras por espaçadores que as mantêm a uma distância de cerca de 25 cm.

Estes dispositivos podem ser usados ou semi-usados.

V. 1. formas de pá :

- **Pá reta:** Utilizada em solos limpos e relativamente leves ou para destruir torrões secos.
- **Pá angular:** Para um bom afrouxamento do solo em todos os tipos de terreno, permitindo que os resíduos vegetais sejam facilmente enterrados.
- **Pá helicoidal:** Adequada para uma variedade de trabalhos.
- **Pá de dois ângulos**: este modelo é utilizado para limpar o mato ou a terra.
- **Pá em forma de U**: Esta forma é extremamente resistente, permitindo trabalhar em solos duros e secos.

V. 2. Definições :

- **Profundidade:** Varia de 0 a 25 cm, ajustada através da variação da altura das rodas ou patins.
- **Afrouxamento:** A finura com que o solo é pulverizado depende essencialmente da :
- A velocidade de avanço do trator, à qual o afrouxamento é inversamente proporcional.
- A velocidade de rotação da ferramenta, à qual o afrouxamento é proporcional.

Em condições particularmente difíceis, é possível prever duas passagens e cruzá-las se a forma da peça o permitir.

V. 3. Segurança: Quando a transmissão de movimento tem uma embraiagem de segurança, esta deve ser ajustada muito gradualmente para que deslize à mínima sobrecarga.

EQUIPAMENTO DE LAVOURA POUCO PROFUNDA

I. Grades:

As grades trabalham a pouca profundidade para soltar a superfície, nivelar o solo e destruir as ervas daninhas quando estas são suficientemente jovens. Trabalham em larguras de 2 a 5 m para as soluções montadas, e até 15 m para as soluções rebocadas. Podem ser diferenciadas pela forma dos seus elementos de trabalho e pelo movimento que podem imprimir.

1. Grades de arrasto com dentes fixos :

- **Grade em forma de Z:** É a forma mais comum, geralmente constituída por um número variável de elementos chamados "compartimentos", cada um dos quais é geralmente composto por 5 travessas e 3 a 5 setas. Com dentes fixados em cada intersecção, um compartimento pode ter 15 a 25 dentes. Cada dente está geralmente posicionado uma aresta para a frente, de modo a nunca estar na mesma travessa que o que está a trabalhar na linha adjacente, para evitar encravamentos. Cada compartimento está ligado ao seu vizinho na frente pela barra de tração e na retaguarda por uma barra de equilíbrio ou de acoplamento.

- **Grade flexível:** Este modelo não possui uma estrutura diferenciada, pois os dentes estão ligados entre si para formar uma verdadeira esteira flexível. Esta disposição permite criar grades muito leves, ideais para as culturas pouco profundas, para a monda das culturas existentes, para trabalhar os camalhões sem os nivelar, etc.

- **Grade rotativa**: Trata-se de um modelo circular suspenso de um suporte montado no engate de três pontos do trator. Colocada num ligeiro ângulo em relação ao solo, gira automaticamente à medida que avança, com a ajuda de um contrapeso regulável. Este tipo de grade é particularmente útil nas culturas arbustivas. A rotação permite igualmente evitar os entupimentos.

- **Grade vibratória com dentes flexíveis**: os dentes finos e muito flexíveis, com 30 a 40 cm de comprimento, são escalonados em dois ou três ângulos perpendiculares à direção de deslocação. Estas alfaias permitem um excelente desprendimento da superfície graças às fortes vibrações dos dentes. Podem também ser utilizadas para a sacha ligeira.

2. Herses com elementos rolantes :

Esta categoria inclui máquinas com peças que rodam devido à tração.

- **Grade de estrela rolante**: É constituída por um ou dois eixos quadrados dispostos transversalmente, nos quais são enroscados elementos de ferro fundido com 5 pontas dispostas em hélice para uniformizar o trabalho. Este dispositivo solta bem a superfície, mesmo em terrenos duros, mas compacta mais o solo do que as grades.

- **Herses com pás rolantes**: os elementos de trabalho são constituídos por estrelas côncavas de quatro pontas montadas em eixos dispostos obliquamente. O número de veios sucessivos (2 a 4) determina a intensidade do trabalho final. Esta máquina tem boas qualidades de penetração e pode soltar muito bem a superfície a velocidades bastante elevadas.

- **Grade de gaiola rolante**: os elementos de trabalho são gaiolas cilíndricas com asperezas no exterior. O movimento destas gaiolas permite afinar o afrouxamento superficial e nivelar a superfície do solo. Estas qualidades só se manifestam verdadeiramente em solos previamente soltos, razão pela qual estas máquinas são mais frequentemente combinadas com cultivadores de dentes flexíveis, cuja ação de preparação da cama de sementes complementam.

3. A Herses encomendou :

Estas grades são movidas pela tomada de força do trator. Em função do movimento dos dentes, existem duas famílias principais de ferramentas:

- **Grades recíprocas**: estão equipadas com dentes verticais de 20 a 30 cm ligados a duas ou quatro barras dispostas perpendicularmente à direção de deslocação e que se deslocam lateralmente. A combinação destes movimentos e o movimento para a frente provocam um desprendimento profundo da superfície. Com estas máquinas, existe o risco de formar uma sola de trabalho em solo húmido.

- **Grades rotativas**: os elementos que giram em torno de eixos verticais são geralmente compostos por dois dentes, com rotores adjacentes que giram em direcções opostas. Um rolo de gaiola na parte de trás completa o trabalho, nivelando e recompactando o solo, ao mesmo tempo que proporciona um melhor controlo da profundidade.

II. Máquinas de sacha:

O sachador é uma ferramenta concebida para a manutenção do solo a pouca profundidade e para a sacha em culturas em linha (beterraba, vinha, etc.). O objetivo principal é destruir as ervas daninhas. No entanto, ao fragmentar a parte mais superficial do solo, que depois secará consideravelmente, criamos uma descontinuidade no trajeto da água do solo para a superfície: a sacha contribui assim também para preservar a água no solo.

III. Rolos:

Estas ferramentas são utilizadas para compactar o solo ou para o soltar superficialmente, destruindo os torrões. Todos os rolos podem realizar esta dupla ação, mas cada modelo tem uma caraterística dominante orientada para uma ou outra.

1. Rolo liso: composto por vários elementos (ou esferas) que permitem ao rolo rodar sem cavar o solo. Cada elemento tem um diâmetro de 40 a 60 cm e um comprimento de 50 cm.

geral. O inconveniente destas máquinas é o facto de provocarem frequentemente a formação de uma crosta contínua na superfície do solo, o que dificulta a emergência nos períodos secos.

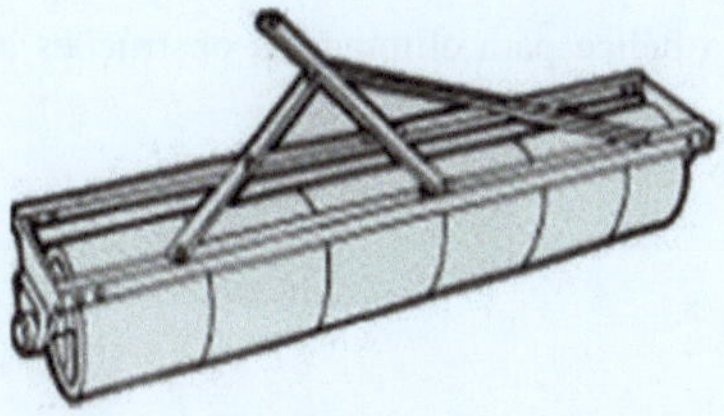

2. **Rolo canelado**: semelhante em estrutura e peso ao rolo liso. A diferença reside na utilização de uma chapa metálica com nervuras muito pronunciadas. Esta conceção enfraquece a crosta formada, facilitando a penetração das plantas emergentes.

3. **Rolo esqueleto:** constituído por uma série de elementos estreitos e não articulados para evitar a formação contínua de crostas no solo e destruir melhor os torrões. Este modelo tem tendência a entupir-se mais do que os outros e pesa um pouco mais.

4. **Rolo Croskill:** constituído por uma sucessão de elementos de ferro fundido montados lado a lado no mesmo eixo. Cada elemento é entalhado na periferia e nos lados para melhor destruir os torrões. Há sempre dois diâmetros diferentes de cerca de 5 cm alternados no mesmo eixo; os maiores têm um rolamento central muito maior do que o diâmetro do eixo, enquanto os mais pequenos têm um rolamento normal. Esta disposição permite que os discos mais pequenos rolem normalmente, enquanto os maiores avançam de forma irregular, criando uma fricção que evita o encravamento. O croskill é o desbarbador de torrões mais eficaz, mas também o mais pesado, e é utilizado apenas para a preparação do solo.

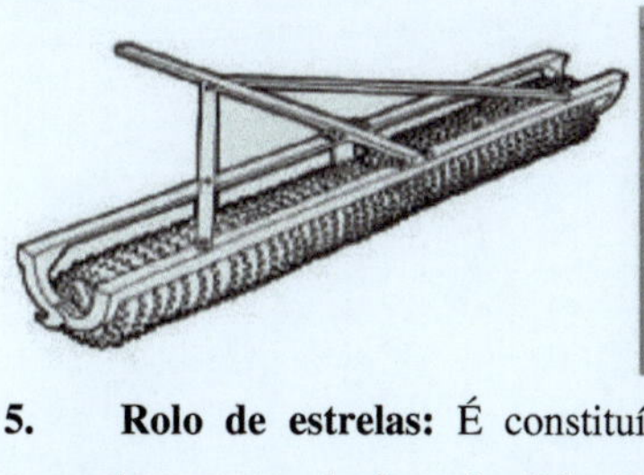

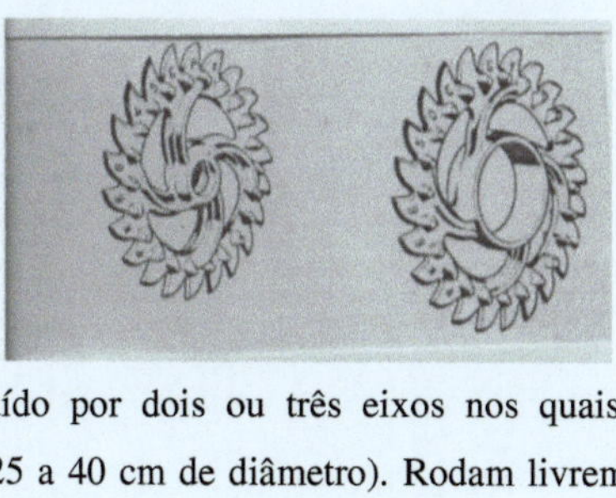

5. **Rolo de estrelas:** É constituído por dois ou três eixos nos quais são montadas estrelas de ferro fundido (25 a 40 cm de diâmetro). Rodam livremente

sobre o seu eixo e encadeiam-se como uma hélice para eliminar as obstruções e permitir que a ferramenta se limpe a si própria.

6. 

7. **Rolo cultivador:** também conhecido como rolo de anel em cunha, é geralmente composto por dois eixos que trabalham um atrás do outro. Os elementos têm uma extremidade afiada ligada ao cilindro de base por uma parte curva para esticar os torrões. Os discos dianteiros têm um diâmetro maior do que os discos traseiros. Estes rolos permitem um excelente desprendimento.

Lavoura mínima :

Este sistema limita-se a uma lavoura pouco profunda para preparar a cama de sementes sem afrouxar a sua profundidade.

Sem lavoura :

Este conceito pressupõe a eliminação de todas as operações de mobilização do solo, incluindo a preparação da cama das sementes e as acções mecânicas de monda. Só o respeito rigoroso deste princípio permite explorar plenamente a ação positiva da fauna do solo. Este sistema implica uma forte dependência de herbicidas químicos para o controlo das ervas daninhas e a ausência de quaisquer operações de afrouxamento do solo.

Capítulo IV. EQUIPAMENTO DE FERTILIZAÇÃO

Introdução :

O objetivo da fertilização é manter e aumentar o potencial do solo, através da aplicação de adubos e corretivos. Os corretivos são utilizados para manter ou corrigir a estrutura física do solo e são geralmente produtos minerais (calcário, marga, cal agrícola, etc.). Os adubos, pelo contrário, fornecem ao solo e, por conseguinte, às plantas, os elementos químicos indispensáveis ao seu desenvolvimento (azoto, ácido fosfórico e potássio).

Os fertilizantes podem ser de origem natural ou industrial. Os fertilizantes naturais incluem o adubo verde, o estrume e o chorume. Quanto aos adubos industriais, apresentam-se geralmente na forma sólida ou, por vezes, em pó (líquido).

Em todos os casos, os materiais devem ser altamente resistentes à corrosão, uma vez que os produtos aplicados são geralmente muito agressivos. Os plásticos e o aço inoxidável são frequentemente utilizados.

I. Distribuidores centrífugos de fertilizantes :

Estes dispensadores de grande capacidade de resposta são montados ou semi-montados. As máquinas montadas têm capacidades que variam entre 40 e 2.000 litros, enquanto as máquinas semi-montadas têm capacidades até 10.000 litros. As larguras de distribuição variam de 9 a

24 metros, enquanto algumas unidades podem atingir até 30 metros. Os distribuidores centrífugos estão disponíveis com tubos oscilantes ou discos rotativos.

I.1. Distribuidor centrífugo com tubo oscilante :

O adubo é espalhado por um tubo cónico horizontal cuja oscilação lança o adubo em ziguezague para trás, em linha com o movimento de avanço. O adubo contido numa tremonha cónica desce para o tubo oscilante por gravidade. O tubo é acionado pela tomada de força do trator.

No fundo da tremonha, um agitador acionado pelo mecanismo de distribuição assegura um fluxo uniforme de fertilizante através de orifícios reguláveis, permitindo a regulação do caudal. Este sistema de regulação do caudal é constituído por dois discos sobrepostos, um fixo e outro móvel, com aberturas. A rotação do disco móvel, acionada por uma alavanca de comando, modifica as secções transversais do fluxo de adubo e, portanto, o caudal.

I.2. Distribuidor centrífugo com discos rotativos

Este tipo de equipamento pode ser alimentado por gravidade ou mecânico. No caso da alimentação por gravidade, o dispositivo é composto por uma tremonha, um sistema de controlo do fluxo constituído por abas reguláveis situadas a montante dos discos e um ou dois discos de eixo vertical. Estes discos estão equipados com palhetas mais ou menos radiais que ejectam o adubo num arco por detrás do dispositivo. Nos sistemas de dois discos, as velocidades de rotação são geralmente opostas.

A alimentação mecânica é principalmente utilizada nos distribuidores de grande capacidade, onde a tremonha não pode estar situada acima dos discos. Neste caso, o adubo é transportado por um transportador longitudinal para duas correias transportadoras laterais de borracha que alimentam os discos. O caudal é regulado por meio de obturadores reguláveis situados a montante das correias laterais, ou modificando a velocidade do transportador longitudinal.

I.3. Válvulas pneumáticas :

Neste tipo de distribuição, o adubo extraído da tremonha é transportado através de tubos por um fluxo de ar produzido por uma turbina até aos bocais de distribuição ou difusores dispostos numa barra transversal. Um distribuidor pneumático de adubo compreende: uma tremonha, alimentadores laterais, uma turbina, tubos e bocais.

- **A tremonha: Com** uma capacidade de 600 a 800 litros, tem a forma de uma pirâmide truncada ou de um cone truncado para as máquinas montadas. É mais larga e pode conter 5000 a 6000 litros para as máquinas maiores.
- **Alimentadores:** Os alimentadores são geralmente constituídos por rolos com espigões ou ripas dispostos em tantas filas quantos os tubos a alimentar. O caudal é regulado manual ou automaticamente (caudal proporcional ao avanço), variando a velocidade de rotação destes rolos através de uma caixa de velocidades ou de um variador de velocidade. As máquinas montadas são acionadas pela tomada de força, enquanto as máquinas semi-montadas são acionadas pelas rodas.

- **A turbina:** Acionada pela tomada de força, cria um fluxo de ar que transporta o fertilizante dos distribuidores para os difusores.
- **Tubos:** Dispostos em paralelo numa rampa horizontal, são constituídos por tubos de plástico rígido ou flexível. Existem em diferentes comprimentos, cada um conduzindo a um difusor. O comprimento das rampas varia de 9 a 24 metros.
- **Difusores:** Trata-se de orifícios de saída uniformemente espaçados ao longo da barra, de 35 cm a 1 m de distância. São constituídos por uma palheta estriada que forma um deflector, ou por um pequeno rotor que gira sob a influência do fluxo de ar. A sua função é distribuir o adubo, com um ligeiro cruzamento, de modo a obter uma distribuição o mais uniforme possível.

Os distribuidores pneumáticos de fertilizantes podem ser utilizados para fertilização localizada, equipando os distribuidores com mangas de localização que direcionam o fertilizante para o solo, onde é necessário.

II. Espalhadores de estrume :

O estrume varia em termos de composição e densidade: a sua estrutura vai desde a palha à compacta e difícil de triturar. O estrume é normalmente espalhado a uma taxa de 30 a 70 toneladas/ha, o que exige o manuseamento de grandes volumes.

II.1. Espalhador de estrume à retaguarda :

Trata-se de um reboque semi-montado equipado com um piso móvel e uma unidade de trituração e espalhamento rotativa, acionada pela tomada de força do trator. As capacidades variam entre 5 e 15m², e as unidades de espalhamento podem ser desmontadas para que o reboque possa ser utilizado para outros fins.

- **Piso móvel**: trata-se de um piso móvel, geralmente constituído por duas ou quatro correntes longitudinais ligadas entre si por barras metálicas perfiladas que se deslocam ao longo do fundo do reboque, da frente para trás, arrastando consigo o estrume. O fundo móvel (muito lentamente) e o sistema de espalhamento são acionados pela tomada de força do trator.
- **Espalhadores**: trituram e espalham o estrume empurrado pela plataforma móvel. São constituídos por um ou mais rotores horizontais (até três) ou verticais.

(até quatro) com uma grande variedade de formas: ouriços (rotores equipados com dentes, facas, lâminas ou pás), parafusos helicoidais ou discos com ameias montados obliquamente num eixo, etc.

II. 2 Espalhador de folhagem montado lateralmente :

Este reboque é constituído por uma caixa estanque que suporta um rotor longitudinal, equipado com correntes e escamas. O rotor acionado pela tomada de força pode ser deslocado verticalmente acima da caixa para permitir o ataque progressivo dos flocos, que lançam o estrume para um lado graças a um deflector superior.

III. Espalhador de chorume :

Também conhecido como "camião cisterna para chorume", este equipamento semi-montado é composto por um tanque montado num chassis de um ou dois eixos, um compressor pneumático que fornece a energia necessária para o carregamento e espalhamento, e um dispositivo de espalhamento.

- **O depósito**: com uma capacidade de 2 a $10m^3$, é feito de aço galvanizado para resistir à corrosão. A parte traseira é aparafusada e articulada para facilitar a limpeza e a remoção de depósitos.
- **O compressor pneumático**: trata-se de um compressor rotativo acionado pela tomada de força do trator. Durante o carregamento, uma válvula de inversão liga a aspiração do compressor ao interior da tonelada. O vácuo resultante permite que o chorume seja aspirado para o fosso através de uma mangueira de enchimento de grande diâmetro. Para espalhar o chorume, o operador inverte o fluxo de ar do compressor de volta para a tonelada, para o expelir através de uma válvula de espalhamento controlada remotamente a partir da cabina do condutor do trator. Um sistema de válvula anti-transbordamento evita que o chorume seja aspirado pelo compressor. Um limitador de pressão de ar e de vácuo protege o sistema contra a sobrepressão e o rebentamento.
- **Dispositivos de espalhamento**: o chorume é normalmente espalhado por aspersão ou, por vezes, por enterramento. Quando o espalhamento é feito por aspersão, o camião-cisterna está equipado com um difusor à saída da válvula de descarga. Este difusor é concebido para espalhar o chorume no solo.

Capítulo V: Equipamento de sementeira, plantação e transplantação

I. Equipamento de sementeira :

Para germinar e produzir uma plântula, a semente deve estar num ambiente (cama de sementes) que satisfaça as suas necessidades em termos de água, oxigénio e temperatura. O rendimento das culturas é o produto de duas componentes:

- O número de plantas por unidade de superfície, que depende da qualidade da emergência e, por conseguinte, da qualidade da sementeira.
- A produção de cada planta depende do clima e de outras operações culturais (mondas, fertilização, tratamentos fitossanitários e irrigação).

Enquanto a qualidade das plântulas depende da :

- Técnicas de seleção antes e durante a sementeira:
  - ✓ Qualidade das sementes que varia consoante a origem e o armazenamento.
  - ✓ A qualidade da sementeira depende da escolha e da regulação das ferramentas de lavoura.
  - ✓ Qualidade da colocação das sementes resultante da escolha e da regulação das ferramentas de sementeira.
- Condições climatéricas após a sementeira.

A sementeira é efectuada com semeadores que depositam as sementes num sulco aberto por elementos de enterramento e depois fechado por elementos de cobertura. Consoante o tipo de cultura, distinguem-se os semeadores em linha, utilizados principalmente para sementeiras que não requerem um controlo preciso do número de sementes por metro e do seu espaçamento na linha (por exemplo, cereais), e os semeadores monogrão, utilizados para sementeiras mais precisas (por exemplo, beterraba e milho) e também conhecidos como semeadores de precisão.

Os semeadores oferecem muitas vantagens, que podem ser resumidas da seguinte forma:

- Fluxo consistente e espaçamento entre linhas (ajustável de 12 a 80 cm) com distribuição uniforme.
- Enterramento regular a uma profundidade constante (1 a 8 cm), apesar das irregularidades do terreno.
- Poupança de sementes de 30-50% em comparação com a sementeira a lanço.

- Equipamento versátil que pode semear pequenas sementes de forragem, bem como sementes de cereais e milho.
- Respeito pela integridade da semente durante a sua passagem pelo sistema de distribuição.
- Controlo fácil do trabalho realizado, esvaziamento da tremonha e limpeza dos componentes de trabalho.

I.1. Semeadores :

Os semeadores são distribuídos mecanicamente e as sementes são transportadas por gravidade. No entanto, o aumento das larguras de trabalho está a levar os fabricantes a oferecer semeadores com transporte pneumático de sementes.

I.1.1. Semeadores mecânicos (semeadores convencionais) :

Trata-se de um dispositivo semi-montado ou rebocado que distribui e enterra as sementes em filas regulares. É composto por: uma tremonha, dispositivos de distribuição que têm por função dosear a quantidade de sementes depositadas no solo, dispositivos de enterramento, de cobertura e de recompactação.

I.1.1.1. A tremonha :

É o reservatório das sementes, geralmente de forma alongada e com uma secção transversal trapezoidal. As suas paredes lisas facilitam o deslizamento das sementes em direção aos órgãos de distribuição. O fundo alveolado permite um esvaziamento quase completo do grão. A sua capacidade é de cerca de 100 kg/metro de largura. A divisória limita a deslocação lateral das sementes em caso de viragem ou de trabalho em declive, e reforça igualmente a tremonha.

No fundo da tremonha encontram-se células que podem ser bloqueadas por armadilhas e um agitador que evita que as sementes formem abóbadas e melhora o seu fluxo.

A tremonha está equipada com uma tampa para a proteger de salpicos (pó, chuva, etc.). A sua altura não deve exceder 1,20 m para facilitar o carregamento.

I.1.1.2. Elenco:

Os semeadores estão equipados com tantos elementos de distribuição quantas as linhas de sementeira. Estes elementos são colocados por baixo da tremonha em câmaras de dosagem separadas, designadas por caixas de distribuição. A parte inferior de cada compartimento é constituída por uma parede móvel, denominada lingueta, mantida contra o distribuidor por uma mola ajustável. Esta disposição permite regular a pressão das sementes à saída do distribuidor, limitando assim as rupturas.

Todos os distribuidores são acionados por um veio comum, que é acionado a uma velocidade ajustável por uma transmissão controlada pelas rodas do semeador. Isto assegura que a velocidade de rotação dos distribuidores, e portanto a sua saída, é proporcional à velocidade de avanço.

Dependendo da aplicação, a distribuição pode ser efectuada por distribuidores com ranhuras, com olhais ou multiusos.

a. Distribuição de splines :

Esta distribuição é assegurada por cilindros rotativos com estrias periféricas axiais ou helicoidais, alojados em caixas. São fabricados em plástico liso.

À medida que roda, cada canelura recolhe uma quantidade limitada e bem definida de sementes da base da tremonha. Presas entre a parede da caixa e a cavidade da ranhura, as sementes são libertadas no tubo de queda correspondente, que as conduz ao elemento de enterramento. Este processo é também conhecido como distribuição forçada.

O caudal dos distribuidores é variado através da regulação da sua velocidade de rotação e do deslizamento axial dos cilindros estriados.

b. Distribuição com olhais:

Tal como os distribuidores canelados, cada distribuidor corresponde a uma fila de sementeira e todos os distribuidores são acionados por um fuso comum.

Cada elemento de distribuição é constituído por um cilindro munido de filas de olhais, com a forma de uma pirâmide truncada, e que gira num fundo falso envolvente.

As sementes saem da tremonha através de uma aba ajustável e passam entre o cilindro com pinos e a lingueta na parte inferior do distribuidor. Cada lingueta acompanha uma ou mais sementes até ao tubo de queda. Os fabricantes fornecem frequentemente dois ou três tipos de cilindros de pinos para se adaptarem a diferentes tamanhos de grãos.

A regulação principal consiste em modificar a velocidade do fluxo e, por conseguinte, o caudal, selecionando a velocidade de rotação através de uma caixa de velocidades e de um variador de velocidade.

I.1.1.3. Dispositivos de ligação à terra :

São os componentes que canalizam as sementes que saem dos distribuidores e as localizam no solo cavando um sulco. Estes componentes incluem: tubos de descida, elementos de enterramento e elementos de cobertura.

a. Tubos de queda :

Estes tubos ligam cada distribuidor a um dispositivo de enterramento. Canalizam as sementes e asseguram um fluxo homogéneo. São constituídos por bainhas flexíveis ou tubos telescópicos de plástico ou, por vezes, de chapa metálica.

Existem dois tipos principais:

- Tubos flexíveis feitos de tiras de aço enroladas em espiral (utilizados com menos frequência).
- Tubos rígidos telescópicos de plástico.

A extremidade superior dos tubos é ligada aos distribuidores por uma manga flexível ou, mais frequentemente, por um cone aberto disposto em forma de funil.

b. Enterrar componentes :

A sua função é abrir o sulco e depositar a semente a uma determinada profundidade. São constituídos por um suporte articulado e por um corpo em forma de cunha com partes ou discos.

- **Suportes articulados**: permitem acompanhar qualquer desnível do terreno, com uma certa liberdade vertical e uma rigidez lateral suficiente, para obter linhas de sementeira paralelas. São independentes uns dos outros e são sucessivamente curtos e longos, de

de modo a distribuir os elementos de enterramento por duas ou três filas, a fim de evitar o entupimento e reduzir o espaço entre filas. Os suportes articulados são apoiados no solo por molas cuja tensão pode ser regulada individual e simultaneamente por meio de uma alavanca. Em solos pesados, as molas devem ser mais apertadas do que em solos leves, onde o peso do arado pode ser suficiente para manter as sementes à profundidade correta.

- **Lâminas de arado**: são conhecidas como "sapatos" ou "botas de sementeira". Têm uma forma perfilada e oca para permitir a passagem das sementes e a sua deposição no solo. Distinguimos entre :

- ✓ As relhas de arado são o tipo mais comum.
- ✓ As acções de recolha evitam os saltos devidos a altas velocidades e ao solo duro.
- ✓ As sapatas para limitar a profundidade de sementeira em solos leves ou para semear a pouca profundidade.
- ✓ Acções de sementeira, concebidas para semear em faixas (linho).
- ✓ Camaroeiros duplos para a sementeira de duas linhas estreitamente espaçadas a partir de um único suporte.

Durante a sementeira, as calhas devem ser controladas regularmente para detetar bloqueios ou obstruções.

- **Alimentadores** de discos: o papel dos discos é abrir o corte evitando encravamentos. Podem ser simples ou duplos.

✓ **Os discos simples** são planos ou ligeiramente côncavos. Têm um ângulo de ataque e, por vezes, um ângulo de entrada, que abre o sulco. Os tubos de descida terminam num difusor incorporado no cubo do disco, que liberta as sementes na parte inferior traseira do disco, para o sulco.

✓ **Os discos duplos** são constituídos por dois discos planos montados de forma solta em eixos oblíquos, de modo a convergirem para a frente para abrir o sulco. O tubo de queda abre-se entre os dois discos, permitindo que as sementes caiam no sulco. Os discos são utilizados sobretudo em solos pesados.

c. Agências de cobrança :

Trata-se de dispositivos auxiliares para fechar o sulco. Podem ser pequenos elementos de grade ou garras, por vezes acompanhados de rolos de recompactação. A sua função é projetar um pouco de terra fina sobre as sementes.

I.1.1.4. Peças acessórias :

a. Traçadores :

São geralmente discos que marcam a passagem anterior. Marcam a pista no solo que o trator seguirá na próxima passagem.

Os marcadores de via são suportados por braços articulados de cada lado da semeadora, cujo comprimento pode ser ajustado para se adaptar à via do trator. Podem ser acionados manualmente ou hidraulicamente.

b. Partes interessadas:

Desde a fase de sementeira, podem ser utilizados para localizar os futuros distribuidores de fertilizantes e pulverizadores.

- **Marcadores de pré-emergência**: dois discos marcam sulcos visíveis no solo antes do aparecimento das plantas, em espaçamentos definidos pela largura do pulverizador ou do distribuidor de fertilizantes.
- **As linhas de tração pós-emergência**, seguindo a mesma linha das linhas de tração pré-emergência, actuam desengatando dois ou quatro elementos de distribuição a intervalos definidos. Estes intervalos fornecem marcas visíveis para a passagem das rodas através da vegetação durante as operações subsequentes de fertilização ou de proteção das culturas.

I.1.1.5. Verificação do caudal de um semeador :

As tabelas de regulação fornecidas pelos fabricantes dão indicações muito aproximadas da regulação correta para uma determinada semente e caudal. Muitos factores influenciam fortemente o débito real: tipo de tratamento das sementes, limpeza e humidade das sementes, inclinação do terreno, velocidade de avanço do semeador... etc.

Por conseguinte, para uma regulação selecionada, deve ser efectuada uma verificação do caudal utilizando a semente pretendida e seguindo os passos seguintes:

- Ajustar a regulação de acordo com as instruções do fabricante.
- Elevar o quadro sobre cunhas de modo a poder rodar a roda do semeador que controla a distribuição. Rodar a roda para iniciar a distribuição.
- Colocar uma lona (ou calhas) debaixo dos tubos de descida e dos dispositivos de enterramento para recolher as sementes.
- Escolhe-se uma superfície de referência, que é geralmente de $100m^2$ (1/100ha) para as sementes de cereais e de $250m^2$ (1/40ha) para as sementes de pequenas forrageiras. Para um semeador com uma determinada largura (l), esta superfície corresponde a uma distância de referência (d). d = 100/l para os cereais, e d = 250/l para as forragens.
- Medir a circunferência (c) da roda motriz do distribuidor.
- Calcular o número (N) de rotações da roda correspondente à superfície de referência (Sr), para os cereais: N = Sr/c*l = 100/c*l = N rotações, para as

sementes forrageiras pequenas: N = Sr/c*l = 250/c*l

= N voltas.

- Rodar a roda de sementeira em N voltas.
- Recolher as sementes e pesá-las.
- Calcular a dose em kg/ha correspondente a este ensaio, multiplicando o resultado por 100 para os cereais e 40 para as forragens. Se esta taxa diferir da taxa desejada, repita o ensaio, alterando a regulação até ficar satisfeito.

I.1.1.6. Definições :

A diversidade de condições em que os semeadores são utilizados significa que é necessário alterar frequentemente várias definições.

- **Espaçamento entre as linhas de sementeira**: Depende essencialmente da espécie semeada. O espaçamento entre linhas de sementeira: Depende essencialmente da espécie semeada, o que pode ser conseguido fechando as abas acima dos distribuidores a suprimir.
- **Taxa de sementeira**: a regulação varia consoante o tipo de distribuição.

✓ *Alimentador de ranhuras*: o ajuste é efectuado modificando a abertura da ranhura e a velocidade de rotação do alimentador.

✓ *Distribuição tipo pino*: o pino, a abertura da aba superior e a aba inferior são selecionados em função do tamanho da semente. A densidade de sementeira é regulada unicamente pela modificação da velocidade de rotação do distribuidor.

- **Plumbness**: esta regulação é necessária para obter uma profundidade de sementeira homogénea. Obtém-se regulando o comprimento do terceiro ponto de engate. A posição é verificada por meio do indicador de prumo colocado no lado da tremonha.
- **Profundidade de sementeira**: este ajuste obtém-se modificando a pressão exercida sobre cada elemento de cravação, em função da sua posição em relação às heterogeneidades do solo (marcas de roda do trator), e da resistência à penetração dos elementos de cravação no solo (em solos soltos, relaxar as molas).
- **Cobertura da cama de sementes:** os dentes das grades de cobertura devem ser ajustados de modo a que a sua posição não perturbe a colocação das sementes no solo.

- **Re-compactação da cama de sementes:** só é possível com rodas de prensa montadas atrás das unidades de plantação.
- **Velocidade de avanço:** uma velocidade de sementeira excessiva pode levar ao deslizamento das rodas, o que altera a densidade de sementeira. Também conduz a profundidades de sementeira desiguais, particularmente em terrenos com torrões. Em condições muito boas de preparação da cama de sementeira, a velocidade de sementeira pode atingir os 8km/h, mas na maioria das situações, uma velocidade razoável situa-se entre os 5 e os 6km/h.

I.1.2. Semeadores com transporte pneumático de sementes :

Este tipo de semeador tem uma largura de trabalho maior do que os semeadores convencionais, até 12 m.

Está equipada com uma tremonha, um sistema de distribuição comparável ao dos semeadores convencionais, mas com elementos posicionados muito mais próximos uns dos outros, um circuito pneumático de transporte de sementes e sistemas de enterramento e de cobertura comparáveis aos dos semeadores convencionais.

É feita uma distinção entre semeadores com múltiplos distribuidores e semeadores com distribuição centralizada.

I.1.2.1. Semeadores de distribuição múltipla :

Neste tipo de semeador, a quantidade de semente para cada linha de sementeira é doseada por um distribuidor canelado ou com pinos, idêntico ao dos semeadores convencionais.

À medida que saem dos distribuidores, as sementes são puxadas para bainhas flexíveis pelo fluxo de ar de um ventilador, que as transporta para os dispositivos de enterramento.

I.1.2.2. Semeadores com distribuição centralizada :

É composto por um único distribuidor (ou doseador) para todas as linhas de sementeira e por um distribuidor. O distribuidor é constituído por um rotor canelado cujas células são reguláveis da mesma forma que um distribuidor canelado clássico. As sementes que saem do distribuidor são transportadas por uma corrente de ar até ao distribuidor, que divide o fluxo de ar principal em tantos fluxos secundários quantos os corpos de sementes a alimentar.

I.2. Airplanter de precisão :

Trata-se de um semeador para sementeira em linha, semente a semente espaçada na linha a uma distância predefinida.

Existem muitas formas diferentes de obter uma plantação de precisão espaçada, que podem ser divididas em dois grupos: semeadoras de precisão espaçadas com distribuição mecânica de sementes e semeadoras de precisão espaçadas com distribuição pneumática.

De um modo geral, o semeador é constituído por 4 a 8 unidades de sementeira independentes, cada uma delas composta por uma tremonha, um sistema de distribuição, enterramento e cobertura.

Existem também semeadores com distribuição centralizada, compostos por uma única tremonha e um distribuidor central que encaminha as sementes para as relhas.

I.2.1. Semeadores pneumáticos de precisão com distribuição mecânica :

I.2.1.1. Semeador de tabuleiro alveolar horizontal ou inclinado :

Neste tipo de semeador, uma placa horizontal ou inclinada com células na sua periferia roda no fundo de uma tremonha cilíndrica. As sementes são depositadas nas células por gravidade e são encaminhadas para um canal de descarga à entrada do qual um dispositivo remove as sementes em excesso.

I.2.1.2. Semeador vertical de disco rotativo :

As câmaras na periferia de um disco recolhem as sementes de uma tremonha. À medida que o disco roda, as sementes são transportadas acima do corpo da semente, onde caem por gravidade própria ou por meio de uma língua de ejeção. Para cada tamanho de semente, é necessário um disco adequado.

I.2.1.3. Airplanter de precisão :

Um semeador em que as sementes são apanhadas no fundo da tremonha por um disco equipado com línguas ou dedos articulados. À medida que o disco roda, os dedos libertam cada semente para os copos de um tapete, a partir do qual cai por gravidade no sulco.

I.2.2. Semeadores individuais com distribuição pneumática :

Neste tipo de semeador, apenas a rotação do disco é controlada mecanicamente pelas rodas de transporte. Por outro lado, as operações de recolha, acionamento e ejeção das sementes são realizadas pela pressão do ar ou pela depressão de uma ventoinha acionada pela tomada de força do trator.

I.2.2.1. Semeador pneumático de disco rotativo :

Este semeador é constituído por uma tremonha e uma câmara de aspiração, separadas por um disco de distribuição de uma câmara à pressão atmosférica.

As sementes são aspiradas contra o disco nas perfurações que não conseguem atravessar, sendo depois arrastadas pela rotação do disco e libertadas ao nível do solo pela supressão da sucção.

As sementes são mantidas nos orifícios dos discos pelo vácuo criado por uma ventoinha.

I.2.2.2. Semeador pneumático com disco e rotor alado :

Este semeador inclui um disco com dois ou três níveis de perfuração concêntricos, um rotor alado, um seletor e um ejetor.

As sementes provenientes da tremonha, através de uma câmara intermédia, são aspiradas contra as perfurações exteriores do disco por um vácuo.

Durante a sua rotação, o disco passa em frente de um seletor que desvia as sementes para a segunda fila de perfurações, a fim de eliminar as sementes duplas, depois cessa a depressão e as sementes passam em frente de um ejetor que as separa dos seus orifícios. As sementes assim libertadas são conduzidas pelas pás do rotor para o tubo de sementes.

I.2.2.3. Semeador pneumático com distribuição centralizada :

Trata-se de um semeador cuja distribuição não é efectuada em cada unidade de sementeira, mas a partir de um distribuidor central.

As sementes são transportadas pneumaticamente entre o distribuidor e o corpo da semente através de tubos flexíveis. Cada linha está ligada a um difusor colocado na periferia de um disco distribuidor horizontal.

Cada difusor recebe as sementes distribuídas pelo disco rotativo e injeta-as numa corrente de ar que as transporta para os corpos de sementes correspondentes.

I. Equipamento de plantação

II.1. Plantadores de batatas :

As plantadoras de batatas são instrumentos que permitem plantar tubérculos de diferentes tamanhos a distâncias e profundidades regulares, sem danificar os rebentos. São constituídas por um ou mais elementos de plantação numa estrutura semi-montada (até 3 linhas) ou rebocada (4 a 6 linhas).

Diferentes tipos de plantadores :

- **a alimentação manual** é utilizada para a plantação precoce, com rebentos desenvolvidos. Cada plântula é colocada numa ranhura do alimentador.
- **Os alimentadores automáticos** estão disponíveis numa variedade de sistemas:

Sistemas de correntes ou baldes, sistemas de transportadores de alinhamento, sistemas de discos e extractores de dedos.

Cada elemento de plantação é composto por um corpo em forma de cunha, um sistema de distribuição e discos de cobertura.

1. Abridor de **sulcos:** geralmente uma charrua com duas aivecas, inclinadas ou perpendiculares ao solo, para abrir o sulco.
2. **Sistema de distribuição:** Acionado pelas rodas da semeadora, o sistema de distribuição é constituído por um tapete de colher ou de balde que transporta os tubérculos da tremonha até alguns centímetros do fundo do sulco. Em algumas máquinas, um sensor detecta as faltas e acciona um corretor alimentado por uma tremonha auxiliar.
3. **Discos de cobertura :** Os tubérculos depositados no sulco são cobertos por dois discos divergentes.

Definições :

- **regulação do espaçamento das plantas na linha:** o distribuidor está equipado com uma série de engrenagens que lhe permitem alterar a sua velocidade de rotação e, por conseguinte, a taxa de depósito para a mesma velocidade de avanço.
- **regulação do espaçamento entre filas:** nas máquinas com várias filas, os elementos podem ser deslocados lateralmente na estrutura para variar a distância entre filas.
- **Regulação da profundidade do sulco e da sobreposição**: As

lâminas de abertura do sulco são fixadas à estrutura por estribos, permitindo uma regulação rápida da sua profundidade. A altura, o espaçamento, a inclinação e a pressão dos discos de cobertura podem ser regulados.

II. Equipamento de transplantação :

Transplantador de plantas:

Máquina concebida para plantar uma planta cultivada em viveiro na sua posição final. O seu funcionamento é semelhante ao das plantadoras de tubérculos. A única diferença é que as plantas são muito frágeis e devem ser colocadas numa posição precisa. Em princípio, requerem a presença de pessoal sentado em frente dos distribuidores para as fornecer.

Em geral, estas máquinas são acopladas ao sistema de engate de três pontos do trator, são montadas para o transporte e, quando estão a trabalhar, assentam sobre as suas próprias rodas. Possuem uma estrutura que suporta de 1 a 6 unidades de plantação, correspondentes a outros tantos lugares sentados, permitindo a alimentação manual do mecanismo de distribuição correspondente. Dependendo das plantas a plantar e das máquinas utilizadas, as velocidades podem variar entre 1.000 e 2.500 plantas por homem e por hora. Este equipamento versátil pode ser utilizado para plantar uma grande variedade de plantas, quer de raiz nua, quer com torrão. Podem ser acrescentados equipamentos adicionais (rega localizada, aplicação de fertilizantes, desenrolador de linhas de rega, etc.).

Existem vários sistemas de distribuição diferentes, sendo os mais utilizados o distribuidor de pinças e o distribuidor de discos flexíveis.

1. Distribuidor com rodas e pinças :

Cada distribuidor tem uma roda equipada com um número variável de pinças periféricas. A roda do distribuidor é rodada por uma roda de suporte a uma velocidade proporcional à velocidade de avanço. As pinças são mantidas abertas ou fechadas por excêntricos, em função da sua posição em relação ao sulco (abrem-se para receber a plântula, fecham-se ligeiramente para a reter e depois libertam-na quando as rodas de recompactação a retêm no solo).

2. Distribuidor com discos flexíveis

Cada módulo de distribuição e de cultivo é composto por um rolo de pressão frontal, um corpo de abertura de sulcos, um distribuidor com discos rotativos convergentes, duas rodas de recompactação convergentes e garras para modelar a superfície do solo.

Trata-se de dois discos flexíveis cujo espaçamento é controlado por rolos. O operador coloca as plântulas no espaço entre os discos, com as raízes viradas para o exterior. Os discos flexíveis apertam ligeiramente a planta, puxando-a para o sulco. A planta é então libertada pelos discos divergentes e posicionada pelas rodas de recompactação.

Alimentadores de correia :

Estas máquinas são utilizadas para a transplantação de plantas hortícolas ou florestais de raiz nua. Um empregado coloca manualmente as plântulas nos entalhes do tapete de alimentação. Este tapete alimenta depois as plântulas entre os tapetes de plantação. Dois tapetes paralelos recolhem as plantas e conduzem-nas verticalmente para o sulco, que é fechado por duas rodas de prensa convergentes.

Capítulo VI: EQUIPAMENTO DE TRANSFORMAÇÃO DE CULTURA

Introdução:

O tratamento das culturas é uma sucessão de operações destinadas a combater as doenças, os parasitas e as ervas daninhas. A maior parte dos produtos fitossanitários são concebidos para serem aplicados (nas plantas, no solo ou nas sementes) após dispersão num líquido de transporte (geralmente água), sob a forma de gotas geralmente com menos de 1 mm de diâmetro, produzidas por um pulverizador. A mistura líquida a pulverizar é designada por "calda".

A pulverização consiste em dividir um líquido em gotículas finas e dirigir a pulverização para as partes da planta a tratar ou para o solo, de modo a manter uma certa dose de produto por hectare e a espalhá-la o mais uniformemente possível.

I. Pulverizador de pressão líquida :

Trata-se de um dispositivo de tratamento cujo líquido é pulverizado por pressurização para sair através de pequenos orifícios calibrados, formando gotículas que são projectadas sem a ajuda de um fluido auxiliar. O jato de líquido a alta velocidade transporta consigo o ar, contribuindo para o transporte das pequenas gotículas.

O líquido no tanque é bombeado por uma bomba para uma rampa com orifícios calibrados chamados bicos de pulverização.

Os principais componentes dos pulverizadores são :

I.1. O depósito: é o reservatório do líquido de pulverização, geralmente mantido à pressão atmosférica. As capacidades variam de 200 a 1500 litros para os pulverizadores montados e de 600 a 4000 litros para os pulverizadores semi-montados e autopropulsados. O reservatório está equipado com uma tampa estanque, um cesto de filtragem e um ponto de descarga (sump) onde se encontram o orifício de aspiração da bomba e o orifício de descarga do reservatório. A drenagem é efectuada por meio de uma válvula ou de um tampão.

I.2. O cesto de filtragem: um crivo de plástico com uma grande superfície de filtragem para reter as partículas durante o enchimento.

I.3. Hidroenchimento ou hidro-injetor: dispositivo de enchimento do pulverizador em que um jato de água de alta velocidade (obtido pelo caudal da bomba de pulverização) passa através de uma constrição no tubo de enchimento, criando um vácuo que atrai a água através de um filtro.

I.4. O incorporador: Recipiente multiusos (para pó e líquido) ou tubo de ensaio com haste e mangueira para aspiração de líquido. A aspiração e a mistura do produto têm lugar no incorporador, graças ao fluxo de água que enche o reservatório.

1.5. Agitador: um dispositivo utilizado durante o enchimento e a pulverização para agitar o líquido de pulverização no reservatório. A agitação é obtida hidraulicamente, através do retorno de parte do caudal da bomba de pulverização ou do caudal de uma segunda bomba também utilizada para o enchimento. Consoante a aplicação, pode ser adicionado um agitador mecânico (hélice, pás, etc.).

I.6. Sistema de enxaguamento: sistema de jactos rotativos de alta velocidade, alimentado pela bomba de pulverização, para a limpeza das paredes internas do reservatório.

I.7. Bomba de pulverização: uma bomba que suporta a pressão máxima de pulverização, bem como a ação química de produtos líquidos e fertilizantes. As bombas de pistão ou de diafragma são utilizadas principalmente para manter um caudal suficiente a altas pressões. Estas bombas são conhecidas como bombas de deslocamento positivo, uma vez que o seu caudal é proporcional à sua velocidade de rotação e não é muito sensível à pressão.

I.8. Regulador de pressão: colocado na descarga da bomba, controla uma derivação para o depósito, a fim de manter uma pressão de pulverização constante. O líquido deve levantar uma válvula que é reposta no seu lugar por uma força regulável (mola, fluido comprimido, etc.). A pressão imediatamente a montante do regulador é essencialmente o quociente entre esta força e a secção transversal do fluido.

I.9. Manómetro: um instrumento para medir a pressão de pulverização, ligado à linha de distribuição, frequentemente perto dos bicos. É um indicador do tipo agulha.

I.10. Distribuidores: elementos agrupados para controlar a alimentação dos segmentos da barra. Para cada segmento, o elemento correspondente do distribuidor está frequentemente associado a um dispositivo de calibração de retorno. O objetivo da calibração de retorno ou do equilíbrio da pressão é assegurar que a pressão de pulverização se mantenha inalterada quando a alimentação de um segmento de barra é cortada.

I.11. Filtros: para evitar o entupimento dos bicos, os pulverizadores estão equipados com uma filtragem de vários níveis: filtro de aspiração da bomba, filtro de descarga da bomba e filtro na alimentação de cada segmento da barra .

I.12. Barra de pulverização: suporte sobre o qual se distribuem os bicos e que suporta um ou vários tubos fornecidos separadamente (secções ou segmentos da barra). É composto por vários elementos articulados e está equipado com um sistema de suspensão concebido para manter a mesma altura em relação à vegetação ou ao solo, bem como um dispositivo de dobragem.

I.13. Bico de pulverização de pressão de líquido: peça concebida para pulverizar sob pressão de líquido. É constituído por um orifício calibrado cujo caudal depende de uma lei conhecida como lei do bico. Esta lei significa que o caudal de um bico de pulverização permanece aproximadamente proporcional à raiz quadrada da pressão.

I.14. O suporte do bico: um suporte para ligar os bicos aos tubos da barra de pulverização. O bico é fixado ao suporte por um parafuso selado ou por uma porca de baioneta. Os suportes dos bicos incluem geralmente um filtro e um dispositivo anti-gotejamento.

I.15. Anti-gotejamento: dispositivo situado imediatamente a montante de cada bico (praticamente no próprio bico), destinado a impedir a saída de líquido dos bicos depois de cortada a alimentação do segmento correspondente do coletor e a assegurar o rápido restabelecimento da pressão de serviço logo que o distribuidor seja aberto. Este dispositivo é geralmente constituído por uma válvula ou membrana acionada por uma mola de baixa pressão.

I.16. Sistemas de controlo: para melhor atingir o volume desejado por hectare, os pulverizadores são frequentemente equipados com sistemas de controlo proporcionais à velocidade de avanço (DPA) ou proporcionais à velocidade do motor do trator (DPM). Estes sistemas automáticos regulam o caudal modificando a pressão em função de desvios pré-determinados.

II. Neve em pó:

Máquinas concebidas para distribuir no solo ou nas plantas produtos em pó utilizados para combater pragas e doenças.

O pó contido numa tremonha é transportado por dispositivos mecânicos ou pneumáticos (que também o agitam) numa corrente de ar gerada por um ventilador centrífugo.

A pulverização é utilizada principalmente para aplicar enxofre em vinhas e árvores de fruto, bem como para tratamentos antifúngicos em produtos hortícolas de campo e de estufa.

Capítulo VII: EQUIPAMENTO DE COLHEITA

I. Colheita de forragens secas:

A colheita de forragens secas envolve uma série de operações, desde o corte da cultura até à sua devolução à exploração e armazenamento.

- A primeira operação consiste em cortar as plantas no campo em faixas alinhadas atrás do cortador.
- A segunda operação leva este material através do tedder para agitar e misturar as diferentes partes do produto, de modo a que todas as ervas sofram uma secagem homogénea e se obtenha uma forragem seca.
- A terceira operação, que por vezes ocorre ao mesmo tempo que a anterior, é efectuada pelo triturador, que agrupa as folhas secas de relva em faixas mais pequenas do que as formadas pelo cortador, facilitando assim a recolha.
- A última operação é a enfardadeira, que recolhe as faixas de erva e as prensa em feixes.

A forragem também pode ser armazenada húmida. Para tal, é utilizada uma ensiladora, que corta as ervas no campo e as alimenta num reboque que segue atrás.

I.1. Corte de relva e acondicionamento:

A ceifa, ou corte, consiste em cortar os caules das forragens em pé nas suas bases, da forma mais limpa possível. O acondicionamento é uma operação frequentemente associada ao corte e consiste em esmagar os caules para acelerar a evaporação da água que contêm. Estas operações são efectuadas com gadanheiras e acondicionadores, geralmente combinados em gadanheiras-acondicionadoras.

I.1.1. Cortador de relva com barra de corte ou cortador de relva com movimento alternativo:

Máquina cujo elemento de corte (ou barra de corte) é constituído por uma lâmina com um movimento retilíneo e alternativo que desliza numa parte fixa equipada com dedos, designada por suporte da lâmina. Os dedos dividem a cultura em pé em tufos verticais antes de a lâmina os cortar. O sistema de corte com lâmina recíproca é utilizado em todas as mesas de corte das ceifeiras-debulhadoras de cereais.

A. A barra de corte :

Uma barra de corte é essencialmente constituída por uma lâmina e um suporte de lâmina.

- A **lâmina** de corte: a lâmina de corte é uma barra de aço estirada com uma secção transversal retangular, também conhecida como haste. As secções da barra são rebitadas na lâmina e funcionam como serras.
- **O suporte da lâmina**: também conhecido como barra de suporte. Apoia-se no solo através de duas sapatas, uma das quais, a sapata exterior, segura a placa da faixa. Suporta todos os componentes fixos que permitem que as secções da lâmina cortem eficazmente a forragem: dedos, guia da lâmina e placa de desgaste. O suporte da lâmina desliza sobre o solo através das suas sapatas e pode ser rodado num plano vertical perpendicular à direção de alimentação para ser levantado, total ou parcialmente, ou rodado em torno de um eixo horizontal paralelo à direção de alimentação para ajustar a orientação.

Dependendo da distância entre os eixos dos dedos, existem três tipos principais de barra de corte:

✓ **A barra normal**: em que o espaçamento entre os dedos é igual à largura das secções (76,2 mm), e que é particularmente adequada para forragens com caules bastante rígidos.

✓ **A barra dinamarquesa**: para a qual o espaçamento entre os dedos é igual a metade da largura das secções (38,1 mm), adequada para cortes curtos.

✓ **A barra intermédia**: para a qual o espaçamento entre dedos é igual a dois terços da largura das secções (50,8 mm), e que tem caraterísticas de aplicação que combinam os dois tipos anteriores.

B. O tabuleiro de faixas:

Placa alongada que prolonga a sapata exterior para a retaguarda. É montada de modo a oscilar e a manter-se em contacto permanente com o solo, apesar dos desníveis. Colocada obliquamente, como uma aiveca, separa a forragem em pé da forragem cortada, limpando uma faixa de terreno onde a roda do trator pode rolar na passagem seguinte, sem esmagar a forragem cortada onde desliza a sapata interior.

I.2. Espadelagem e esgalhamento:

O objetivo da monda é acelerar a secagem da erva, que contém cerca de 80% de água no momento do corte. A operação consiste em levantar e espalhar mecanicamente a forragem deixada no solo após o corte, de modo a facilitar a ação do sol e do vento.

A ceifa consiste em agrupar a forragem, após o corte ou a debulha, de modo a formar linhas contínuas no solo, quer para proteger o produto da humidade nocturna, quer para facilitar a recuperação mecânica posterior para outra operação (corte, enfardamento ou carregamento).

Estas operações podem ser mecanizadas através de equipamento conhecido como triturador, windrower (separado) ou triturador e windrower (combinado).

I.3. Seleção e prensagem :

Esta operação, que completa as operações anteriores, é realizada com equipamentos denominados enfardadeiras pick-up, que recolhem uma faixa de forragem diretamente do solo para fazer fardos de diferentes formas e volumes, consoante o tipo de máquina.

I.3.1. Enfardadeira de paralelepípedos :

A principal função desta máquina consiste em comprimir a forragem em faixas por meio de um pistão, de modo a obter fardos compactos em forma de paralelepípedo. Um pick-up recolhe a faixa do solo. O produto é então comprimido num canal e os fardos formados são atados com fio.

As enfardadeiras podem ser classificadas de acordo com a densidade do fardo:

- **Alta densidade**: 175 a 250 kg/m^3 ; peso médio do fardo 35 a 50kg.
- **Densidade média**: 100 a 175 kg/m^3 ; peso médio do fardo 15 a 35 kg.
- **Baixa densidade**: menos de 100 kg/m^3 ; peso médio do fardo de 6 a 15 kg.

Uma enfardadeira pick-up é constituída essencialmente por um pick-up, alimentadores, um pistão e atadeiras.

A. Recolhedor: Dispositivo que recolhe a faixa por meio de dentes metálicos, flexíveis ou não, articulados em travessas assentes em dois discos laterais rotativos.

B. Amadores:

Dispositivos de alimentação constituídos por um parafuso ou por garfos que transportam o feno desde a saída do coletor até ao canal de compressão, onde se encaixa à frente do pistão.

C. O pistão:

O pistão é constituído por uma caixa em forma de cubo em chapa de aço pesada soldada, acionada por um sistema biela-manivela e que se desloca no interior do canal de compressão num movimento retilíneo alternado a um ritmo de 60 a 90 cursos/minuto, consoante a máquina.

Equipado com rolos metálicos, o pistão desliza sobre guias de aço na parte inferior do canal. Duas ranhuras verticais na face de compressão permitem a passagem das agulhas. Uma faca lateral corta a cultura engatada pelos alimentadores.

D. Knotters :

No final do canal, dois atadores atam os feixes. Os atadores funcionam da seguinte forma:

- No início do ciclo, as agulhas estão na posição inferior e a extremidade do fio está presa num disco de retenção na parte superior do canal.
- A forragem, avançando sob a ação do pistão, empurra para trás o laço mantido no topo pelo disco de retenção, e o fardo assim cintado continua a avançar. À medida que avança, é ativado um pinhão doseador que, por meio de uma came e para um comprimento de fardo pré-determinado, actua sobre uma alavanca de libertação que controla a agulha e o atador.
- A agulha passa então através do canal e apresenta o laço ao bico do atador. O atador pega na laçada e gira para dar o nó.
- O fio livre do laço é novamente retido pelo disco de retenção após o corte por uma faca fixa ou móvel.
- Para completar o ciclo, a agulha volta à sua posição inferior, colocando novamente um fio no canal.

III. 1. Definições :

Podem ser efectuadas várias regulações numa enfardadeira, especialmente para a densidade e comprimento do fardo.

- O pick-up é regulado em função da altura de trabalho e da inclinação dos dentes. A altura deve garantir uma distância ao solo de 3 a 6 cm e é regulada por meio de uma alavanca, manivela ou parafuso que varia a tensão de uma mola de compensação.
- Duas manivelas ou volantes podem ser utilizados para apertar ou desapertar as placas laterais na saída do canal de compressão para abrandar ou facilitar a saída do produto, modificando assim a densidade do fardo.
- Um parafuso que actua no dispositivo acionado pelo pinhão doseador fixa o momento em que o atamento é libertado. Isto assegura a regulação do comprimento do fardo.

II. COLHEITA DE TUBÉRCULOS :

Concebidas principalmente para a colheita da batata, estas máquinas, também designadas por ceifeiras, devem satisfazer duas exigências essenciais: devem levantar o volume de terra em que estão contidos os tubérculos e extrair a colheita sem os perder ou ferir, e devem limpar o produto obtido por peneiração para o separar da terra e das pedras arrastadas durante a escavação.

A colheita da batata é muitas vezes precedida de um arranque prévio, que consiste em destruir a vegetação externa (caules e folhas), designada por haulm. A pré-plantação pode ser efectuada quer quimicamente, com um pulverizador, quer mecanicamente, com um triturador de folhas.

De qualquer modo, nas máquinas, a colheita é acompanhada de um descasque final.

II.1. A ceifeira-debulhadora de batatas:

O funcionamento de uma ceifeira-debulhadora pode ser resumido em cinco funções: colheita, crivagem, cobertura final, triagem e carregamento.

II.1.1. Remoção:

A operação consiste em levantar o monte de terra que contém os tubérculos e dirigir a mistura de terra e tubérculos para os mecanismos de peneiração. O dispositivo de elevação é constituído por fresas laterais circulares e uma charrua horizontal, que cortam e levantam o monte. Um tambor ou diabolo rola sobre o monte ligeiramente à frente da charrua para moldar a terra e facilitar a sua transferência para os transportadores.

II.1.2. Peneiração :

Estes transportadores actuam como peneiras animadas, retendo os tubérculos e permitindo que o solo caia de novo no chão. Além disso, as correntes podem ser acionadas por veios excêntricos que agitam o solo para ativar a separação dos torrões.

II.1.3. O desenlace final:

A remoção convencional do lanço é efectuada por uma correia oblíqua com grandes dedos de borracha, posicionada na parte traseira da máquina, na base da qual os tubérculos são despejados. O lanço é retido pelos dedos e projetado para a retaguarda.

II.1.4. Seleção :

Esta operação é a mais difícil de efetuar mecanicamente, uma vez que os torrões têm uma densidade próxima da das batatas e, frequentemente, uma forma semelhante. São utilizados vários princípios : os pequenos torrões podem ser removidos por uma escavadora constituída por filas de rolos com espaçamento ajustável. As pedras e os torrões não friáveis podem ser separados dos tubérculos numa correia transportadora inclinada. Os tubérculos rolam, enquanto que os torrões e as pedras mais angulosas se introduzem entre os bocais e são transportados pela rotação do tapete sem fim para a calha de resíduos.

II.1.5. Carregamento dos tubérculos :

Em função da organização do sítio e das caraterísticas da máquina de colheita, os tubérculos podem ser recolhidos de duas maneiras:

- **Receção na tremonha**: uma tremonha integrada na ceifeira é esvaziada periodicamente através de um tapete rolante para os reboques. Alguns equipamentos permitem igualmente o ensacamento na ceifeira.
- **Evacuação simultânea**: a ceifeira descarrega a colheita para um reboque que avança em paralelo.

III. EQUIPAMENTO DE COLHEITA DE CEREAIS :

A ceifeira-debulhadora :

A ceifeira-debulhadora é uma máquina completa de colheita de cereais que efectua automática e simultaneamente o corte, a colheita e a debulha, seguidos da separação e da limpeza.

As ceifeiras-debulhadoras são geralmente autopropulsoras. Armazenam temporariamente o grão, geralmente numa tremonha.

Sobre um chassis equipado com rodas ou lagartas, encontram-se equipamentos de corte, transporte e elevação, equipamentos de debulha e separação, equipamentos de limpeza, recuperação e armazenamento de cereais. Para além de uma série de equipamentos adicionais, como os cortadores de palha e os espalhadores de palha.

I. Elementos de corte :

Este conjunto inclui a mesa de corte, um transportador e um alimentador.

I.1. A mesa de corte: Este conjunto, também conhecido como plataforma, inclui :

- **Barra de corte**: unidade de corte com lâminas recíprocas, comparável à da ceifeira-debulhadora de forragem, mas em que a barra é apoiada dos dois lados, é mais larga (2,80 m a 6 m, ou mais) e a sua regulação de posição permite trabalhar a diferentes alturas do solo. Geralmente, são utilizadas secções em cunha e o comando da lâmina é confiado a um excêntrico acionado por uma transmissão mecânica ou por um motor hidráulico. A regulação da altura é efectuada por meio de cilindros hidráulicos que accionam toda a mesa de corte. Molas potentes sob a mesa de corte amortecem as oscilações provocadas pelos desníveis do terreno.
- **Divisores**: dispositivos de chapa situados nas duas extremidades da barra de corte, destinados a separar a faixa a cortar pela máquina do resto da cultura, a fim de evitar emaranhamentos que impeçam a boa fixação dos caules durante o corte. A sua posição é regulável.
- **Enrolador**: dispositivo rotativo colocado por cima da barra de corte que, aquando do corte, mantém os caules no lugar até passarem pelo sistema de transporte. O enrolador é constituído por seis barras articuladas equipadas com dedos (ou garras) flexíveis, sempre paralelos entre si e apontando para o solo, mas com um ângulo regulável. A posição do enrolador em relação à barra de corte e aos dispositivos de transporte, bem como a sua velocidade de rotação, determinam o bom funcionamento do sistema de corte. A regulação do enrolador é efectuada por meio de cilindros hidráulicos.

- **Prato**: parede metálica entre a barra de corte e o alimentador, na qual cai a colheita cortada.
- Sem-fim **de alimentação**: cilindro horizontal com um meio-fuso helicoidal de cada lado e uma série de dedos retrácteis no centro. Os dois semi-parafusos de passo inverso recolhem a colheita no centro do avental, enquanto os dedos a dirigem para o elevador transportador.

I.2. Transportador :

Trata-se de uma caixa de chapa selada que contém um sistema de transporte que liga o parafuso de alimentação da mesa de corte e o batedor.

É geralmente constituído por barras metálicas montadas em duas ou três correntes paralelas. A parte inferior do elevador é frequentemente flutuante para garantir uma melhor recolha da colheita.

I.3. Empresário :

Elemento intermédio muito curto, por vezes situado entre a extremidade superior do transportador e o batedor. É constituído por um cilindro com um bordo saliente, que gira em torno de um eixo paralelo ao batedor. A sua função é assegurar a apresentação forçada da cultura ao batedor. A sua velocidade é, portanto, regulável em função da densidade da colheita.

II. Unidades de debulha :

Trata-se essencialmente do batedor e do côncavo, componentes centrais de uma ceifeira-debulhadora. O seu papel consiste em separar os grãos das espigas e amassar as cascas sem as danificar. O descaroçamento mecânico é conseguido através da alimentação progressiva da cultura entre o batedor de alta velocidade e o côncavo. Quando a cultura entra em contacto com o batedor, é violentamente atingida pelas barras ou pelos dedos do batedor e atirada para o côncavo, onde se amassa e salta para se encontrar de novo com o batedor, e assim sucessivamente. Assim, dá-se uma série de choques sucessivos aos quais se junta um efeito de esmagamento devido às asperezas ou às cristas dos dedos. A mistura resultante é depois limpa por agitação e ventilação, para separar os grãos da palha e das impurezas.

II.1. Baterista:

Cilindro maciço ou aberto, geralmente com 6 a 8 barras de batedura salientes da sua periferia e orientadas paralelamente ao seu eixo. A velocidade do batedor varia entre 400 e 1 600 rpm, dependendo do tipo de cultura e do teor de humidade. O batedor deve ter uma velocidade periférica que lhe permita separar o maior número possível de grãos das espigas. No entanto, esta velocidade é limitada pelo risco de quebra do grão; estas duas exigências contraditórias levam-nos a adotar valores de velocidade periférica entre 20 e 30 m/s para os cereais. Esta velocidade é regulada por meio de uma correia de transmissão com controlo hidráulico.

II.2. O côncavo :

Este elemento, que pode ser sólido ou perfurado, envolve parcialmente a parte inferior do batedor, sendo o espaço livre entre estes dois elementos mais estreito na parte posterior do que na parte anterior. Tem contra-pontas e uma rede de fios metálicos denominados varetas. A distância entre o batedor e o côncavo é regulável, de modo a ser tanto mais reduzida quanto mais difícil for a debulha do produto (grãos de menores dimensões ou maior teor de humidade). Esta regulação pode ser efectuada com a máquina parada, actuando sobre o ponto de fixação do côncavo, ou em funcionamento, por meios mecânicos.

II.3. A calha de pedra:

Colocado em frente à entrada da debulhadora, recolhe as pedras que possam ter sido arrastadas com a colheita.

II.4. O puxador de palha

Espécie de tambor revestido de cristas ou de rotor com garras flexíveis, que gira em torno de um eixo paralelo ao tambor debulhador, cuja função é retirar a palha debulhada do tambor debulhador. A velocidade do saca-palhas é frequentemente regulável para garantir uma alimentação homogénea dos sacudidores de palha.

II. Sistemas de separação, limpeza e recuperação de grãos

À saída da debulhadora, a colheita é esquematicamente dividida em duas categorias de produtos de densidade diferente:

- Para cima, impulsionadas pela velocidade do batedor, vêm as palhinhas com alguns grãos ainda agarrados.
- Na parte inferior, por ser mais pesada, surge uma mistura de grãos e pequenas impurezas.

As duas categorias de produtos provenientes da debulhadora são separadas por um pente colocado depois do côncavo, à saída da debulhadora, de modo a que o saca-palhas que trabalha imediatamente acima leve a palha para os sacudidores de palha, e a mistura de grãos e pequenas impurezas caia através do pente para a mesa de grãos para chegar aos dispositivos de limpeza.

III.1. Agitadores:

Os sacudidores de palha têm por objetivo extrair os últimos grãos que restam da palha debulhada e devolvê-los ao circuito de limpeza. São constituídos por painéis de chapa metálica inclinados, com entalhes para movimentar o produto.

Trata-se de crivos dispostos num gradiente ascendente do côncavo para a traseira da máquina. Acionados por uma cambota, oscilam longitudinalmente a um ritmo de 200 a 250 pancadas por minuto, da frente para trás e de baixo para cima.

A palha debulhada passa por estes crivos e os grãos extraídos atravessam os planos perfurados dos agitadores para chegar ao dispositivo de limpeza, juntamente com outros pequenos elementos (resíduos).

III.2. Quadro de retorno de grãos :

Plano inclinado que recolhe a mistura de grãos e resíduos que passou pelos agitadores e a encaminha para a mesa de grãos do sistema de limpeza.

III.3. Dispositivos de limpeza

O objetivo destes dispositivos é limpar a mistura que regressa dos agitadores. As unidades de limpeza, recuperação e armazenamento de grãos são compostas por :

- **Mesa de cereais**: uma espécie de grelha ou placa inclinada que recebe os cereais provenientes da debulha e a mistura proveniente dos agitadores.
- **Caixa de limpeza ou limpador**: conjunto que aloja as unidades de limpeza e de recuperação do grão, geralmente situado por baixo das unidades de debulha e de agitação. Este conjunto é constituído essencialmente pelas próprias grelhas de limpeza e por um ventilador.

✓ ***Grelhas ou ecrãs de limpeza***: duas ou três grelhas sobrepostas são animadas por agitação rápida. A grelha superior, denominada grelha oton ou crivo de palha, retém a palha, os fardos e os otons maiores. Uma corrente de ar transporta os fardos e a palha para a parte de trás da máquina. Os ótons que não passam por esta primeira grelha caem numa calha de ótons na extremidade da grelha, devido ao seu peso e à agitação. Os que passam pela grelha caem na segunda grelha de limpeza. Esta última grelha, designada por grelha de acabamento, retém os últimos ótons e deixa passar apenas os grãos limpos; a corrente de ar evacua os ótons para a calha de ótons; os grãos limpos são recolhidos numa calha de recolha de grãos. A grelha inferior tem frequentemente aberturas reguláveis.

✓ ***Ventilador***: um ventilador centrífugo com pás radiais envia uma corrente de ar, regulável em caudal e direção, através das grelhas para facilitar a separação e o arrastamento dos elementos mais leves ou mais volumosos. Este dispositivo é colocado na parte da frente da caixa de limpeza, com deflectores reguláveis para direcionar o ar.

IV. Recuperação de grãos

IV.1. Calha de Oton

Trata-se de uma caleira estanque, na qual gira um parafuso de recuperação, situado atrás das grelhas de limpeza para recolher os ótons que caem das suas extremidades.

IV.2. Calha para cereais

Trata-se de uma caleira estanque, na qual gira um parafuso de recuperação, que recebe o grão da grelha de acabamento de limpeza e que, por conseguinte, se situa abaixo desta grelha.

IV.3. Elevador Oton

Corrente de sem-fim ou de balde que retira os otones do fundo da campânula de limpeza, numa das extremidades da calha de otones, e os alimenta no batedor.

IV.4. Elevador de cereais

Parafuso que transporta o grão de um extremo ao outro da calha para a tremonha de armazenagem.

IV.5. Tremonha de armazenamento

Recipiente de chapa estanque colocado na ceifeira-debulhadora para conter o grão limpo proveniente do processo de limpeza, antes de ser periodicamente esvaziado num veículo de transporte através de uma calha de esvaziamento.

IV.6. Calha de drenagem

Calha giratória equipada com um transportador de parafuso concebido para esvaziar a tremonha a pedido, encaminhando o grão para uma tremonha. O esvaziamento pode ser efectuado com a máquina parada ou em funcionamento.

Os mecanismos de orientação da calha são de acionamento mecânico ou hidráulico.

IV.7. Plataforma de ensacamento

Dispositivo em vias de extinção que, nas pequenas ceifeiras-debulhadoras rebocadas e nas primeiras ceifeiras-debulhadoras automotrizes, permitia encher os sacos à medida que o trabalho avançava. Trata-se, de um modo geral, de um classificador-sacador que assegura uma segunda operação de limpeza e que possui um dispositivo de fixação de dois sacos, um dos quais é enchido, o outro é fechado e substituído por outro.

V. Equipamento adicional

As ceifeiras-debulhadoras de cereais convencionais são por vezes equipadas com equipamento adicional, como espalhadores de palha e picadores.

V.1. Espalhador de palha

Trata-se de um simples rotor de eixo vertical que roda muito lentamente à saída dos sacudidores de palha e cujos ramos (em número de 2 ou 3), munidos de pás, dispersam a palha à saída da máquina, facilitando o seu posterior enterramento.

V.2. Cortador de palha

Montado na parte traseira da ceifeira-debulhadora, depois dos sacudidores de palha, corta a palha antes de a espalhar. O modelo mais comum é constituído por um rotor de eixo horizontal equipado com facas que correm entre uma série de contra-facas fixas. Um deflector permite regular o padrão de espalhamento.

Os trituradores absorvem uma quantidade relativamente grande de energia, o que pode abrandar o rendimento da ceifeira-debulhadora, especialmente se a palha estiver demasiado húmida. É por isso que podem ser facilmente desligados.

Referências

Arrditi C., Schulman JP, 1987. Schéma de développement agropastoral de TORD de l'est, systèmes de production et développement agro-pastoral. Paris, Sedes, 191 p.

Badouin R., 1971. Économie rurale. Paris, Armand Colin, coll. U, 598 p.

Badouin R., 1987. L'analyse économique du système productif en agriculture. Cahiers Orstom série Sciences humaines, 23 (3-4) : 357-375.

Barthelemy P., Boisgontier D., Jouy L., Lajoux P., 1990. Choisir les outils de pulvérisation. Ed. ITC F, 160 p. ISBN 2864920999 9782864920991.

Barthelemy P., Boisgontier D., Lajoux P., 1989. Escolher os instrumentos de sementeira. Ed. ITCF, 114 p. ISBN 2-86492-080-8.

Bassez J., Delouvée R., Habib Z., Corpen, 1997, Bien choisir et mieux utiliser son matériel d'épandage de lisiers ou de fumiers. Brochura elaborada pelo grupo de trabalho Épandage, TRAMEBCMA, FNCUMA, Agence Seine Normandie, Étude CORPEN, 55 p.

Bonnefond P., 1970 - L'introduction de la motorisation en agriculture traditionnelle. Cahiers Orstom, série Sciences humaines, 4 : 21-33. Bonnefond

Bonnefond P., 1974 - Les exploitations motorisées de la région d'Odiéné. Aspectos sócio-

Candelon P., 1981. Les machines agricoles Volume 1 : Matériel de préparation et de fertilisation des sols. Ed. J-b baillière, 218 p.

Candelon P., 1983. Les machines agricoles Volume 2 : Matériel de mise en place et d'entretien des cultures. Ed. Lavoisier, 176 p. ISBN : 2-85206-187-2.

Cédra C., 1991. Léxico ilustrado do maquinismo e dos equipamentos agrícolas. Ed. Cemagref DICOVA e Lavoisier tec et Doc, 350p.

Cédra C., 1993. Os materiais de trabalho do sol, semis e plantações. Ed. CEMAGREF, FNCUMA, ITCF, Lavoisier Tec et Doc, 384 p. ISBN 2-85362-348-3

Cédra C., 1997. Os materiais de fertilização e de tratamento das culturas. Ed. CEMAGREF, FNCUMA, ITCF, Lavoisier Tec et Doc, 343 p. ISBN 2-85362-458-7.

Ceemat, 1972 - Manual de motorização das culturas tropicais. Técnicas rurais em África. Tomo 1: Materiais e métodos. Antony, Ceemat, 627 p.

CEMAGREF, 1984. Os materiais de recolha de frutos (5.ª parte). Ed. Cemagref, Antony, vo l, pp. 501-646.

CNEEMA, 1963. Tractores e máquinas agrícolas - livro do mestre - Tomo 2. Ed. Antony (Seine)
: Centro Nacional de Estudos e Experimentação de Máquinas Agrícolas, 264 p.

Hamza E., Lebeau F., Destain M.-F., 2000. La bonne utilisation des pulvérisateurs à jet projeté. Ed. Gembloux, FUSAGx et INAT, 48 p., ISBN 2-87337-005-X.

Houmy K., 2011. Techniques de pulvérisation dans la protection phytosanitaire des cultures sous serre. De l'optimisation des applications à la sauvegarde de l'environnement. Ed. ONUDI, 84p.

Lerat P. 2015. Les machines agricoles conduite et entretien. Ed. Agriculture d'Aujourd'hui, 440 p.

Mostade O., Oestges O., Huyghebaert B., 1994. O pulverizador: seleção e utilização. Ed. Les presses agronomiques de Gembloux, 118 p. ISBN 2-87016-042-9.

Oestges O., 1994. A mecanização dos trabalhos agrícolas: Tomo 1. Ed. Les presses agronomiques de Gembloux, 248 p. ISBN 2-87016-044-5.

Ollivier D., 1999. As operações de diagnóstico dos pulverizadores: elementos de metodologia. Associação Nacional para o Desenvolvimento Agrícola, 60 páginas. Coleção: ANDA - Agro-equipamentos.

MIX
Papier aus verantwortungsvollen Quellen
Paper from responsible sources
FSC® C105338

Printed by Books on Demand GmbH, Norderstedt / Germany